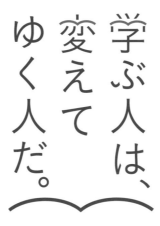

学ぶ人は、
変えて
ゆく人だ。

目の前にある問題はもちろん、

人生の問いや、

社会の課題を自ら見つけ、

挑み続けるために、人は学ぶ。

「学び」で、

少しずつ世界は変えてゆける。

いつでも、どこでも、誰でも、

学ぶことができる世の中へ。

旺文社

JN036248

大学入試 全レベル問題集

生 物

[生物基礎・生物]

駿台予備学校講師 山下 翠 著

1 | 基礎レベル

改訂版

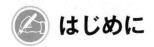 はじめに

　この本は，「これから受験勉強を始める！」というあなたに向けて書かれたものです。

　大学入学共通テスト，また大学の個別試験の多くは，長いリード文を読んで，その後に続く設問に答える，というスタイルが一般的です。

　そのリード文を読み解き，設問に正しく答えるために必要なのが，**生物学用語や定義の正確な理解**です。

　では，効率よく勉強するにはどうしたらよいのか？

　問題を解きましょう。教科書や参考書を眺めているだけでは，理解できているかどうかは判断できません。問題を解き，インプットした知識を正確にアウトプットできたとき，初めて「理解できている」と言えます。

　この本の問題は，大学入試問題を元に，**生物基礎・生物の全範囲の用語・定義を効率よく理解できる**ように適宜改題して作成してあります。

　すべて解き終えたとき，あなたはもう入試問題を解くチカラがついているはずです！

　さあ，第一志望合格を目指してスタートです！

　最後に，旺文社編集部の小平雅子さんには本当にお世話になりました。心から御礼申し上げます。

山下 翠

著者紹介：**山下　翠**（やました　みどり）

愛知県出身。現在，駿台予備学校講師。論理的でストーリー性のある解説に定評がある。「得点アップのためにはまず楽しむことが必須」という観点から行われる講義は，受講生から「勉強なのに楽しい！」との声が絶えない。著書に『生物［生物基礎・生物］標準問題精講』（共著），『生物［生物基礎・生物］入門問題精講』（以上，旺文社）などがある。趣味はランニング。生徒の合格報告とマラソンの記録更新が同じくらい嬉しい。

〔協力各氏・各社〕
装丁デザイン：ライトパブリシティ　　本文デザイン：イイタカデザイン，大貫としみ（ME TIME LLC）

目　次

本シリーズの特長

1．自分にあったレベルを短期間で総仕上げ

　本シリーズは，理系の学部を目指す受験生に対応した短期集中型の問題集です。4レベルあるので，自分にあったレベル・目標とする大学のレベルを選んで，無駄なく学習できます。また，基礎固めから入試直前の最終仕上げまで，その時々に応じたレベルを選んで学習できるのも特長です。

レベル① …「生物基礎」と「生物」で学習する**基本事項の総復習**に最適で，基礎固め・大学受験準備用としてオススメです。

レベル② … **大学入学共通テスト「生物」の受験対策用**にオススメです。共通テスト生物では，「生物基礎」の範囲からも出題されるので，「生物基礎」の分野も収録しています。全問マークセンス方式に対応した選択解答です。また，入試の基礎的な力を付けるのにも適しています。

レベル③ … **入試の標準的な問題**に対応できる力を養います。問題を解くポイント，考え方の筋道など，一歩踏み込んだ理解を得るのにオススメです。

レベル④ … 考え方に磨きをかけ，**さらに上位を目指す**ならこの一冊がオススメです。目標大学の過去問と合わせて，入試直前の最終仕上げにも最適です。

2．入試過去問を中心に良問を精選

　本シリーズに収録されている問題は，効率よく学習できるように，過去の入試問題を中心にレベル毎に学習効果の高い問題を精選してあります。また，レベル①～③では，より一層，学習効果を高められるように入試問題を適宜改題しています。

3．解くことに集中できる別冊解答

　本シリーズは問題を解くことに集中できるように，解答・解説は使いやすい別冊にまとめました。より実戦的な問題集として，考える習慣を身に付けることができます。

本書の使い方

　問題編は学習しやすいように，はじめに「生物基礎」分野，後ろに「生物」分野を配置してあります。「生物」の分野は基礎知識として「生物基礎」の内容が必要となります。まずは「生物基礎」の問題に取り組み，その後で「生物」に取り組みましょう。

　問題は，各分野ごとに教科書の掲載順序に応じて問題を配列してあります。最初から順番に解いていってもよいですし，苦手分野の問題から先に解いていってもよいでしょう。自分にあった進め方で，どんどん入試問題にチャレンジしてみましょう。

　問題を1題解いたら，別冊解答で答え合わせをしてください。解答は問題番号に対応しているので，すぐに見つけることができます。構成は次のとおりです。解けなかった場合はもちろん，答えが合っていた場合でも，解説は必ず読んでください。

解 答… 解答は照合しやすいように，冒頭に掲載しました。

解説… なぜその解答になるのかを，わかりやすくシンプルに解説してあります。また，イメージを掴みやすいように図を多用しました。基礎的な知識の確認をすることで，今後さまざまな問題に知識が応用できるようになっています。必ず読みましょう。

Point… 問題を解く際に特に重要な知識や図・グラフをまとめました。

志望校レベルと「全レベル問題集 生物」シリーズのレベル対応表

* 掲載の大学名は購入していただく際の目安です。また，大学名は刊行時のものです。

本書のレベル	各レベルの該当大学
[生物基礎・生物] ① 基礎レベル	高校基礎～大学受験準備
[生物] ② 共通テストレベル	共通テストレベル
[生物基礎・生物] ③ 私大標準・国公立大レベル	[私立大学] 東京理科大学・明治大学・青山学院大学・立教大学・法政大学・中央大学・日本大学・東海大学・名城大学・同志社大学・立命館大学・龍谷大学・関西大学・近畿大学・福岡大学　他 [国公立大学] 弘前大学・山形大学・茨城大学・新潟大学・金沢大学・信州大学・広島大学・愛媛大学・鹿児島大学　他
[生物基礎・生物] ④ 私大上位・国公立大上位レベル	[私立大学] 早稲田大学・慶應義塾大学／医科大学医学部　他 [国公立大学] 東京大学・京都大学・北海道大学・東北大学・名古屋大学・大阪大学・九州大学・筑波大学・千葉大学・横浜国立大学・神戸大学・東京都立大学・大阪公立大学／医科大学医学部　他

学習アドバイス

　大学入試問題では，ある程度の長さのある冒頭のリード文に，設問が続きます。典型的な形式としては，リード文中に空欄があり，まず，問１として(1)空欄に用語を補充しリード文を完成させ，問２以降は正しい文を選ばせるような(2)文章正誤判断問題や，(3)基本的な知識で答えられる論述問題，(4)図やグラフを描く問題と続き，最後に(5)思考力を問うようなやや高度な論述問題が出題されます。本書では，(1)～(4)まで解けるようになることが目標です。

1．(1)～(4)それぞれの特徴と対策

(1) 空所補充問題

　第１問目がリード文中の空所補充問題であることが非常に多いです。空所に補充する用語は教科書で太字となっている生物学用語です。まずは教科書の太字(生物学用語)の理解が重要です。用語の意味が理解できていなければ，問題文を正確に理解することができないので，用語は，覚え，その用語を説明できる(論述できる)ようにしておきましょう。

(2) 文章正誤判断問題

　４～８個の選択肢から１～２個を選ぶ形式が多いです。文章の中に下線が引かれ，誤っている場合はそれを正しく直す出題もみられます。次のような問題です。

　　［例題］　次の文章が正しい場合には解答欄に○をつけ，間違った文章の場合には正しい文章になるように下線が引かれた箇所を正しく直せ。

　　　　富士山の高さは<u>4776</u>m である。

　　［正解］　3776

　対策としては，**(1)**と同じく，教科書で太字になっている用語を，確実に理解しておくことが重要です。

(3) 30～60字程度の論述問題

　用語や現象についての理解を問う，説明型の論述です。30字もしくは１行で１つの内容を記述するのを目安とすればよいでしょう。まず，書くべき内容をピックアップして箇条書きにして確認し，そのあとで文章の形にします。いきなり文章を書き始めると，途中で何を書きたかったのかがわからなくなりがちです。また，文章はできるだけ易しい表現を使いましょう。賢そうな文章など書かなくてもよいのです。「中学生のきょうだいに説明するような，丁寧でわかりやすい表現」を意識しましょう。

(4) 描図問題

　「細胞小器官の電子顕微鏡像を描かせる」といった知識の確認や，「$2n=6$の植物細胞における減数第二分裂中期の染色体像を描かせる」といった理解の確認などが出題されます。

教科書に載っている図やグラフはしっかり覚えておきましょう。自分でノートを作り，図やグラフをまとめておくこともとても有効です。

2．勉強法「input → output」を繰り返そう

① input：教科書を音読しよう！

　受験に必要な知識は，すべて教科書に載っています。その知識を効率よく吸収するためには，音読がお薦めです。黙読ではただ眺めがちになりますが，音読すれば用語を覚えやすく，また読み落としていた内容にも気づきやすいものです。

　音読をする際は，次のように行うとよいでしょう。

1回目：用語などを覚えようとせず，とにかく音読する

　　1回目の目標は，その範囲の「全体像を理解する」ことです。いったいどんな内容を学ぶのか，そのあらすじをザックリと捉えられれば十分です。最初からいろいろ覚えようとすると，木を見て森を見ず，となりがちです。

2回目：小項目のつながりを意識しながら読む

　　1回目に捉えた全体像があるので，1回目よりも読みやすいはずです。2回目の音読は，例えば「代謝」という大きな範囲の中で，「呼吸」と「光合成」がどのような関係にあるのか，「酵素」はどのように関わっているのか，といった，小項目ごとの関わりを理解できることが目標です。

3回目：理解しながら読む

　　もうすでに2回読んでいるので，この分野で学ぶべきことが見えてきます。黙読は，文字を認識して終わりますが，音読は，文字を認識し，かつその語を自分の意志で発音し，さらにその音を認識します。音読の方が内容を覚えやすいのはこの違いにあります。3回の音読により，見慣れない・聞き慣れない用語も減っているはずです。3回目は，文章・用語の意味などを考え，理解しながら読むことが目標です。

② output：問題集を解こう！

　教科書で吸収した知識をしっかり覚えているか，正しく理解できているかを，問題集を用いて確認しましょう。一度正しくoutputできれば，記憶はより定着しやすくなります。この問題集では，解説をできる限り詳しくしました。不正解だった問題は，解説をしっかり読み，その後でもう1度，教科書のその範囲を音読しましょう。間違った理由は，「誤って理解していた」，もしくは「必要な知識が不足していた」のどちらかであることがほとんどです（もちろんケアレスミスもありますが）。もう1度教科書で正しい知識をinputし，その後で同じ問題に取り組みましょう。

このinput → outputの繰り返しが，受験に必要な問題を解く基礎力をつくります。

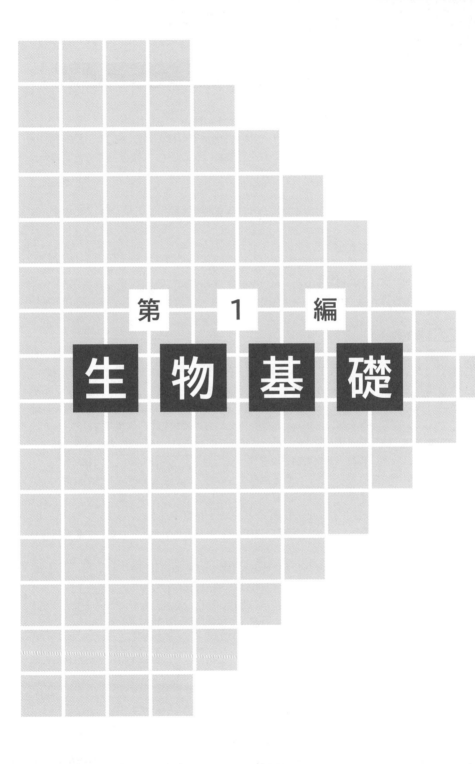

第 1 編

生物基礎

第1章 生物と遺伝子

1 生物の特徴

1 多様性と共通性

原核生物と真核生物に関する次の文を読み，下の問いに答えよ。

地球上にはさまざまな生物が存在しており，名前がつけられている種だけでも約190万種ある。生物はそれぞれの種において生育環境に適応して，形態や生理などに違いがみられるが，共通の性質もある。これは，すべての生物が共通の祖先から進化したためと考えられる。

問 下線部に関して，すべての生物にみられる共通の性質として誤っているものを，次から1つ選べ。

① からだが細胞からできている。

② エネルギーの受け渡し物質として ATP を用いる。

③ 周囲の温度が変化してもからだの温度を一定に保つ。

④ 自分自身と同じ構造をもつ子孫をつくる。

〈麻布大〉

2 細胞の構造

細胞の大きさ，形，はたらきはさまざまである。しかし，どの細胞も基本的な構造は共通であり， ア で包まれ，内部に遺伝子の本体である DNA（デオキシリボ核酸）と呼ばれる物質をもつという点では共通した特徴をもっている。また，細胞はその形態から，大きく a原核細胞と真核細胞の2つに分類される。原核細胞は DNA が膜で隔離されることなく細胞全体に広がった構造をしているのに対して，真核細胞は DNA が膜で隔離され，核と呼ばれる構造体をもっている。真核細胞では，細胞の核以外の部分を イ といい， b細胞小器官の間を流動性に富んだ c ウ が満たしている。

問1 文中の空欄に入る語として最も適当なものを，次からそれぞれ1つずつ選べ。

① ミトコンドリア　　② 細胞質　　③ 液胞　　④ 染色体

⑤ 細胞質基質　　　　⑥ 核膜　　　⑦ 細胞膜

問2 下線部aに関連して，真核細胞と原核細胞の特徴に関する記述として最も適当なものを，次から1つ選べ。

① 原核細胞には，細胞壁をもつ細胞ともたない細胞の両方がある。

② 原核細胞には，ミトコンドリアと呼ばれる構造体が存在する。

③ べん毛は，原核細胞にのみ存在し，真核細胞には存在しない。

④ 単細胞生物には，真核細胞のものと，原核細胞のものの両方がある。

⑤ 光合成を行う原核細胞は，存在しない。

問3 原核細胞からなる生物を原核生物という。次のうち，原核生物に分類されるものをすべて選べ。

① 大腸菌　　② オオカナダモ　　③ イシクラゲ

④ 乳酸菌　　⑤ パン酵母

問4 下線部bについての記述として最も適当なものを，次から1つ選べ。
① 葉緑体では呼吸が行われている。
② 葉緑体には，光エネルギーを吸収する色素が含まれる。
③ ミトコンドリアには，アントシアンと呼ばれる色素が含まれる。
④ ミトコンドリアは，活発に活動している細胞では少ない。

問5 下線部cについての記述として最も適当なものを，次から1つ選べ。
① 化学反応の場となる。
② 光合成を行う。
③ 遺伝情報に従って，細胞のはたらきや形態を決定する。
④ 細胞を強固にし，形を保持する。
⑤ 細胞への物質の出入りを調節する。

〈女子栄養大〉

3 ATP

生命活動に必要なエネルギーはすべてATPから供給される。右図に示したATPの構造において，ATPを構成しているAは ア という糖の一種で，Bは イ という塩基である。そしてATPの構造の中でCの部分は ウ と呼ばれている。これにリン酸が3つ直列に結合したものがATPである。ATPの中で高エネルギーリン酸結合であるのはATPの図の矢印 エ の結合であり，生命活動に使われるエネルギーは矢印 オ で示した位置のリン酸結合が加水分解されるときに発生する。

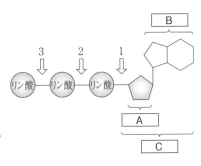

問1 文中の空欄 ア ～ ウ に適語を入れよ。
問2 文中の空欄 エ と オ に入る最も適切な図中の番号1～3またはその組合せを，次から1つ選べ。

	エ	オ		エ	オ		エ	オ
①	1	1と2	②	2	2と3	③	3	1と2
④	1と2	1	⑤	2と3	3	⑥	1	1と3
⑦	2	1と3	⑧	3	2と3			

4 酵素

過酸化水素水に酸化マンガン(Ⅳ)を加えると過酸化水素が急激に分解されて泡が出る。このとき酸化マンガン(Ⅳ)は ア としてはたらいている。傷口に過酸化水素水を落としたときも泡が出る。この反応では イ 中に豊富に含まれるカタラーゼという ウ が酸化マンガン(Ⅳ)のようにはたらいている。

問1 文中の空欄に最も適切な語句の組合せを右から1つ選べ。

	ア	イ	ウ
①	酵素	体液	触媒
②	酵素	細胞	触媒
③	触媒	体液	酵素
④	触媒	細胞	酵素

問2 ［ ウ ］の主成分は何か答えよ。

問3 カタラーゼは過酸化水素の分解を促進するが，他の物質に対してははたらかない。このような，［ ウ ］が特定の物質の反応のみを促進する性質を何というか。

問4 文中の下線部で発生した気体を集めた試験管に，火のついた長い線香を入れたとき，どのような変化が起きたか。次から1つ選べ。

① 線香の火が消えた。　　　② 「ポン」と音がした。

③ 線香の火は炎を出して燃えた。　　④ 変化は起こらなかった。　　〈東邦大〉

［ 5 ］ 光合成と呼吸

　右の図は，植物細胞の光合成と呼吸における物質の流れを示したものである。アとイは細胞小器官を，AとBは物質を示す。

問1 A，Bに相当する物質は何か。次から最も適切なものをそれぞれ2つずつ選べ。

① 二酸化炭素　　② 水

③ 酸素　　　　　④ 炭水化物などの有機物

〈植物細胞の光合成と呼吸における物質の流れ〉

問2 細胞小器官アで起こる反応はどれか。次から適切なものをすべて選べ。

① 二酸化炭素を生成する。

② ATPを分解する。

③ 酸素を消費する。

問3 細胞小器官イで起こる反応はどれか。次から適切なものをすべて選べ。

① 同化の反応である。

② 異化の反応である。

③ エネルギーを蓄える過程である。

④ エネルギーを取り出す過程である。

⑤ 複雑な物質を単純な物質に分解する反応である。

⑥ 単純な物質から複雑な物質を合成する反応である。

問4 細胞小器官アとイの両方で起こる反応はどれか。次から適切なものをすべて選べ。

① 酵素が反応を触媒する。

② エネルギーの移動や変換がある。

③ ATPを合成する過程がある。　　　　　　〈女子栄養大〉

2 遺伝子とそのはたらき

6 DNAの構造

　遺伝子の本体であるDNAは，aその構造単位である 　ア　 が多数連なった鎖が2本より合わさったような構造をしている。 　ア　 は3つの構成成分からできており，そのうちの 　イ　 と 　ウ　 はDNAの骨格を形成し， 　ウ　 に結合したもう1つの成分である 　エ　 が2本の鎖を結びつけている。 　エ　 には4種類があり，bそのDNA上での並び方が遺伝情報を担っている。この4種類はアデニン（A），グアニン（G），シトシン（C），チミン（T）であり，DNA中でのそれぞれの存在比には法則性がある。すなわち，生物種ごとにcAとTの存在比は同じ，GとCの存在比も同じである。

問1　文中の空欄に最も適当な語句を答えよ。

問2　DNAの日本語の正式名（省略しない名称）を答えよ。

問3　下線部aのような構造を何と呼ぶか答えよ。

問4　下線部bを何というか答えよ。

問5　下線部cについて，そのようになる理由を簡潔に述べよ。

問6　ある動物の組織から抽出したDNAに含まれる塩基の組成を調べたところ，Aが20%含まれていた。Cは何パーセント含まれると期待されるか答えよ。

〈愛知学院大〉

7 体細胞分裂

　右の図1は，真核細胞の体細胞分裂過程の細胞1個あたりのDNA量の変化を模式的に示したものである。

　細胞の分裂から次の分裂までの期間を細胞周期といい，細胞周期はM期（分裂期）と間期からなる。間期はさらに，DNA合成準備期（G_1期），DNA合成期（S期），分裂準備期（G_2期）の3つの時期に分けることができる。

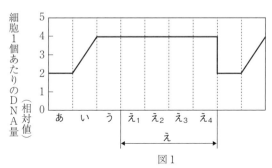

図1

　下の図2は，ある生物の体細胞分裂を模式的に示したものである。

 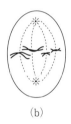   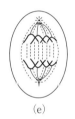

(a)　　　　　(b)　　　　　(c)　　　　　(d)　　　　　(e)

図2

問1 図1のあ，い，う，え，え$_1$，え$_2$，え$_3$，え$_4$にあてはまる時期の名称として最も適切なものを，次から1つずつ選べ。

① 前期 ② 中期 ③ 後期 ④ 終期

⑤ G$_1$期 ⑥ G$_2$期 ⑦ M期 ⑧ S期

問2 図1のえ$_1$，え$_2$，え$_3$，え$_4$の各時期に相当する体細胞分裂の模式図を，図2の(a)～(e)から1つずつ選べ。

〈神戸学院大〉

〔8〕 DNA の複製

DNA の複製について，次の問いに答えよ。

問1 DNA の複製に関する記述として，最も適切なものはどれか，次から1つ選べ。

① もとの2本鎖 DNA をそのままにして，新しい2本鎖 DNA を別につくる。

② もとの2本鎖 DNA を断片化して，新たにつくり直す。

③ もとの2本鎖 DNA が1本ずつ分離し，それぞれが新しく合成された鎖といっしょになって2本鎖 DNA をつくる。

問2 メセルソンとスタールにより解明された，DNA の複製法を何と呼ぶか答えよ。

〈千葉工大〉

〔9〕 細胞周期

細胞周期に関して，次の問いに答えよ。

問1 ある分裂組織の分裂過程における細胞数を数えると，各時期の細胞数は右の表のと

時期	間期	前期	中期	後期	終期	合計
細胞数(個)	230	10	6	7	7	260

おりであった。この分裂組織の細胞周期を20時間とすると，M期(分裂期)に要する時間はおおよそ何時間か。小数第二位を四捨五入して，小数第一位まで答えよ。

問2 問1の260個の細胞において，細胞1個あたりの DNA 量は細胞ごとに異なっていた。DNA 量が最も少ない細胞の DNA 量相対値を1とすると，DNA 量相対値が1の細胞が91個，DNA 相対値が2の細胞が72個，そして残りの97個の細胞は DNA 相対値が1～2の間であった。このとき，次の(1)～(3)の細胞は，M期，S期，G$_1$期，G$_2$期のどの時期の細胞が含まれるか。適当な時期をすべて答えよ。

(1) DNA 相対値1の細胞

(2) DNA 相対値2の細胞

(3) DNA 相対値1～2の間の細胞

問3 問2の場合，G$_1$期，G$_2$期に要する時間はそれぞれおおよそ何時間か。小数第二位を四捨五入し，小数第一位まで答えよ。

〈神戸学院大〉

10 ゲノムと遺伝情報の発現

　ヒトのからだをつくる細胞の総数は60兆個といわれ，それらの細胞は1個の受精卵から細胞分裂を繰り返して増えたものである。ヒトの遺伝子は，約 ［ ア ］ 個あるといわれ，遺伝情報を担う物質として DNA をもっている。それぞれの生物がもつ遺伝情報全体を<u>ゲノム</u>と呼び，動植物では生殖細胞（配偶子）に含まれる一組の染色体のもつ遺伝子情報の量を単位とする。伝令 RNA へ ［ イ ］ された遺伝子の情報は，細胞質においてタンパク質に ［ ウ ］ される。この遺伝情報の流れに関する原則は ［ エ ］ と呼ばれる。タンパク質は，多数のアミノ酸が鎖状につながった有機物であり，細胞の内外の適当な場所に移動して機能を発揮する。

問1 文中の ［ ア ］ にあてはまる数として最も適当なものを，次から1つ選べ。

① 200　　② 2,000　　③ 2万　　④ 20万

⑤ 200万　　⑥ 2,000万

問2 文中の ［ イ ］，［ ウ ］，［ エ ］ に入る最も適当な語句を，次からそれぞれ1つずつ選べ。

① 恒常性　　② 複製　　③ 転写　　④ 相補　　⑤ 複写

⑥ 翻訳　　　⑦ 分化　　⑧ セントラルドグマ　　⑨ 輸送

問3 文中の下線部に関する記述として正しいものを，次からすべて選べ。

① 受精卵と分化した細胞とでは，ゲノムの塩基配列は著しく異なる。

② 神経の細胞と肝臓の細胞とでは，ゲノムから発現する遺伝子は大きく異なる。

③ 一般に，母と子のゲノムの塩基配列は同一である。

④ ヒトのゲノム全体の約1～2%が，遺伝子としてはたらく塩基配列と推測されている。

〈金城学院大〉

11 遺伝子発現①

　翻訳は DNA からつくられた ［ ア ］ の情報をもとに ［ イ ］ を合成する過程である。［ ア ］ は ［ イ ］ を構成する ［ ウ ］ を指定する情報をもっており，［ ア ］ を構成するヌクレオチド鎖中の3つの連続した ［ エ ］ 配列すなわち ［ オ ］ が ［ ウ ］ を指定する。

　翻訳には ［ ア ］ のほかにも ［ カ ］ が必要である。［ カ ］ は ［ オ ］ に相補的な ［ キ ］ と呼ばれる ［ エ ］ 配列をもち，対応した ［ ウ ］ を ［ ア ］ まで運ぶ。

問1 ［ ア ］～［ キ ］ に適する語を答えよ。

問2 ［ オ ］ は全部で何通りあるか答えよ。

問3 ［ オ ］ の中には ［ ウ ］ と対応しないものがある。これは何と呼ばれるか答えよ。

〈昭和大〉

12 遺伝子発現②

別冊解答 p.2の mRNA の遺伝暗号表を参照して，以下の図中の空欄①〜⑨に適切な記号，または語句を入れよ。

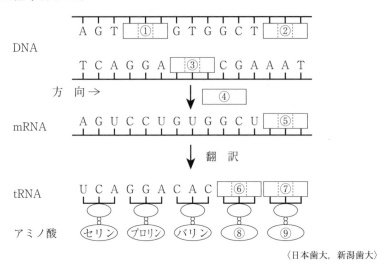

〈日本歯大，新潟歯大〉

第2章 生物の体内環境の維持

3 体内環境

13 体液

体液に関して，次の問いに答えよ。

問1 次の文中の空欄に入る語として最も適当なものを，下からそれぞれ1つずつ選べ。

動物の細胞を囲う体液は内部環境とも呼ばれ， ア ，およびその成分の イ が ウ からしみ出た エ ，さらに エ が オ に入った カ の3つからなる。

① リンパ液　　② リンパ管　　③ 毛細血管　　④ 血液
⑤ 血清　　　　⑥ 血しょう　　⑦ 赤血球　　　⑧ 白血球
⑨ 血小板　　　⑩ 組織液

問2 ヒトの赤血球の平均的な直径として最も適当なものを，次から1つ選べ。

① $2\mu m$　　② $4\mu m$　　③ $8\mu m$　　④ $12\mu m$

問3 ヒトの一定体積の血液中の赤血球，白血球，血小板の数の比較として最も適当なものを，次から1つ選べ。

① 赤血球 ＞ 白血球 ＞ 血小板　　② 赤血球 ＞ 血小板 ＞ 白血球
③ 白血球 ＞ 赤血球 ＞ 血小板　　④ 白血球 ＞ 血小板 ＞ 赤血球
⑤ 血小板 ＞ 赤血球 ＞ 白血球　　⑥ 血小板 ＞ 白血球 ＞ 赤血球

〈順天堂大〉

14 血液循環

血液は，ポンプの役割をする心臓によって送り出されて全身を循環する。血液は心臓の ア から イ と呼ばれる血管を通って全身へと送り出され，心臓の ウ につながる血管を通って心臓に戻ってくる。その後，心臓から肺に送られ，再び心臓に戻る。

問1 文中の空欄に入る語として最も適切なものを，次からそれぞれ1つずつ選べ。

① 右心室　　② 右心房　　③ 左心室　　④ 左心房
⑤ 大静脈　　⑥ 大動脈　　⑦ 肺静脈　　⑧ 肺動脈

問2 血液が心臓から全身を巡って心臓へ戻る経路の名称を答えよ。

問3 血液が心臓から肺へ送られて心臓へ戻る経路の名称を答えよ。

問4 肺動脈を流れる血液と比べたときの，肺静脈を流れる血液の酸素量と二酸化炭素量として，最も適切なものを下の①～③からそれぞれ1つずつ選べ。なお，同じ選択肢を複数回選んでもよい。

(1) 酸素量

(2) 二酸化炭素量

① 多い　　② 少ない　　③ 同じ

〈北里大〉

15 酸素運搬

右の図の(a)と(b)のグラフは，足の筋肉の毛細血管内の血液あるいは肺の毛細血管内の血液に関して，酸素分圧と酸素が結合しているヘモグロビンの割合との関係を示している。横軸は酸素分圧，縦軸は血液中において酸素と結合しているヘモグロビンの割合を%で示している。(a)の血液の二酸化炭素分圧は20mmHg，(b)の血液の二酸化炭素分圧は50mmHgであった。

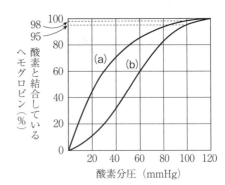

問1 図中の(a)と(b)のうち，肺の毛細血管の血液のグラフはどちらか。

問2 肺での酸素分圧が100mmHg，筋肉での酸素分圧が30mmHgの場合，次の問いの答えとして最も適当なものを，下の①～⑧から1つずつ選べ。

(1) 肺において酸素と結合しているヘモグロビンの割合

(2) 筋肉において酸素と結合しているヘモグロビンの割合

(3) 筋肉まで運ばれてきた酸素のうち，放出された酸素の割合

① 20%　　② 38%　　③ 60%　　④ 75%　　⑤ 78%

⑥ 80%　　⑦ 95%　　⑧ 98%

〈天使大〉

16 血液凝固

次のa～dは，外傷などで傷ついた血管から出血したときにみられる現象を示している。

a．血管の傷ついた部分に，血ぺいが形成される。

b．タンパク質でできた繊維が形成される。

c．血管の傷ついた部分に，血小板が集まってくる。

d．血管が修復されると，血ぺいが溶けて取り除かれる。

問1 a～dの現象が起きる順序に並べかえよ。

問2 bの「タンパク質でできた繊維」のタンパク質の名称は何か。最も適当なものを，次から1つ選べ。

① アルブミン　　② インスリン　　③ バソプレシン

④ ビリルビン　　⑤ フィブリン　　⑥ ヘモグロビン

〈金城学院大〉

17 腎臓

　右の図は，ヒトの腎臓の一部を模式的に示したものである。次の問いに答えよ。

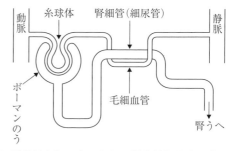

問1　糸球体・腎細管（細尿管）で行われる成分のろ過，再吸収について，次の問いに答えよ。

（1）糸球体でろ過されないものとして適切なものを，下の①〜⑥から2つ選べ。

（2）腎細管で健康な人であればほぼ100%再吸収されるものとして最も適切なものを，下の①〜⑥から1つ選べ。

①　赤血球　　　　②　尿素　　　③　グルコース
④　ナトリウム　　⑤　水　　　　⑥　タンパク質

　下の表は，ヒトの静脈にイヌリンを注射し，一定時間後の，血しょう，原尿，尿に含まれる成分とその量を示したものである。次の各問いに答えよ。ただし，イヌリンは，ヒトの体内では利用も合成もされず，糸球体で自由にろ過された後，腎細管で全く再吸収されることなくすべて排出される物質である。

	血しょう (g/100mL)	原尿 (g/100mL)	尿 (g/100mL)
尿素	0.03	0.03	2
イヌリン	0.1	0.1	12

問2　表から，1日に生産される原尿の量(L)はいくらか。最も適切な数値を，次から1つ選べ。ただし，尿は1日に1.5L生成されるものとする。

①　80　　　②　100　　　③　120　　　④　140
⑤　160　　　⑥　180　　　⑦　200　　　⑧　220

問3　表と問2の結果から，1日に再吸収された尿素は何gか。最も適切な数値を，次から1つ選べ。

①　20　　　②　22　　　③　24　　　④　26
⑤　28　　　⑥　30　　　⑦　32　　　⑧　34　　　　〈金城学院大〉

18 肝臓の構造と機能

　ヒトの肝臓は横隔膜の下に位置し，1〜2kgの重さの大きな器官である。さまざまな成分の合成や分解を行い，からだの代謝に重要な役割を果たしている。肝臓を構成する細胞はおもに　ア　細胞であり，この細胞が集まった直径1mmほどの　イ　が肝臓の構成単位となる。消化管とひ臓からの血液は肝　ウ　を通り，　ア　細胞の間を走る太い毛細血管である類洞を経て，　イ　の中心にある中心静脈へと流れる。この血液には，デンプンの消化産物であるグルコースや，タンパク質の消化産物である

エ などが含まれる。血液中のグルコース濃度は，ほぼ一定になるように調節されている。肝臓ではグルコースは オ となって蓄えられるが，必要に応じてグルコースとなって放出される。タンパク質を呼吸に利用すると生成されるからだに有害な カ は，肝臓で毒性の少ない キ に変換され，腎臓から排出される。肝臓からは胆汁が分泌される。胆汁は ク に貯蔵され，十二指腸に食物が達すると放出される。また，血しょう中に含まれるタンパク質の多くは肝臓でつくられている。

問1 文中の空欄に入る適当な語句を記せ。

問2 消化管での脂肪の消化に果たす胆汁の役割を記せ。

問3 文中の下線部について，肝臓でつくられる血しょう中の主要なタンパク質として最も適当なものを，次から1つ選べ。

① アミラーゼ　② アルブミン　③ クリスタリン　④ リゾチーム

〈愛知医大〉

---

19 ヒトの神経系

ヒトの神経系は，中枢神経系と末梢神経系からなる。中枢神経系は脳と ア からなり，末梢神経系は脳・ ア と体の各部をつないでいる。運動や感覚に関係した末梢神経系を イ 神経系，恒常性に関係した末梢神経系を ウ 神経系という。 ウ 神経には交感神経と副交感神経があり，通常，それぞれの器官には交感神経と副交感神経が両方分布しており，拮抗的に作用する。

問1 文中の空欄に適語を入れよ。

問2 右図はヒトの脳を示したものである。図中のエ〜クの名称を答えよ。

問3 ヒトの脳について述べた文として誤っているものを，次から2つ選べ。

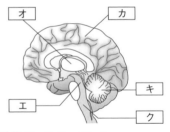

① ヒトの脳は，大脳・間脳・中脳・小脳・延髄などからなり，間脳・中脳・延髄は，脳幹に含まれる。

② 間脳は視床と視床下部からなり，視床には脳下垂体がつながっている。

③ 中脳には，姿勢保持や眼球運動，瞳孔反射などの中枢がある。

④ 小脳には，筋肉運動の調節やからだの平衡を保つ中枢がある。

⑤ 延髄には，生命維持に不可欠な呼吸や心拍の調節にはたらく中枢がある。

⑥ 大脳の機能は停止しているが，脳幹の機能が残っている状態になると，脳死と判断される。

問4 文中の下線部に関して，副交感神経の作用として適当なものを次から2つ選べ。

① 心臓の拍動の促進　② 発汗の促進　③ 消化管運動の抑制

④ 立毛筋の収縮　⑤ 瞳孔の収縮　⑥ 気管支の収縮

〈岩手医大，名古屋学院大〉

20 内分泌系

物質を分泌する腺には，細胞でつくられた物質が排出管を通って体外に分泌される ア 腺と，排出管を通らず，直接体液中に分泌される イ 腺がある。体内環境の調節は，自律神経系による調節に加えて， イ 腺でつくられるホルモンによって行われる。ホルモンは血液中を流れ，特定の臓器や細胞に作用する。ホルモンが作用を及ぼす器官を ウ 器官といい，その器官にある細胞を ウ 細胞と呼ぶ。この細胞は，特定のホルモンを認識し結合できる エ をもつ。ホルモンのはたらきで，最終的な分泌物の効果が，前の段階にさかのぼって作用することを オ という。このしくみにより，血液中のホルモン濃度を，ほぼ一定に維持することができる。

問1 文中の空欄に適語を入れよ。

問2 ホルモンとその作用の組合せとして，誤っているものを次から1つ選べ。

	ホルモン	作用
①	グルカゴン	血糖濃度を上げる
②	アドレナリン	心臓の拍動を抑制する
③	パラトルモン	血液中のカルシウム濃度を上げる
④	鉱質コルチコイド	体内の無機塩類量を調節する

〈京都女大〉

21 フィードバック

ホルモン分泌の調節について，次の問いに答えよ。

問1 図の ア にあてはまる最も適当なホルモンの名称を答えよ。

問2 図の ア のはたらきについて最もあてはまるものを，次から1つ選べ。

① 血圧の上昇 　　　　② 代謝を促進する

③ 腎臓での水の再吸収促進 　　④ 腎臓での無機塩類の再吸収促進

問3 図で，血中の ア の濃度が上昇すると，視床下部でつくられる甲状腺刺激ホルモン放出ホルモンと，脳下垂体前葉でつくられる甲状腺刺激ホルモンの分泌が著しく影響を受ける。どのような変化が起きるか，下の①～③からそれぞれ1つずつ選べ。

(1) 甲状腺刺激ホルモン放出ホルモン

(2) 甲状腺刺激ホルモン

① 増加 　　② 変化なし 　　③ 減少

〈金城学院大〉

22 血糖濃度調節

ヒトが食事をすると小腸などで　ア　が血液中に取り込まれ，血糖濃度は一時的に　イ　する。血糖濃度が　イ　すると，間脳の視床下部にある血糖濃度の調節中枢からの信号が　a　を通じてすい臓に伝わり，すい臓のランゲルハンス島のB細胞を刺激してB細胞から　ウ　が分泌される。　ウ　は細胞内への　ア　の取り込みや細胞中の　ア　の消費を促進するとともに，肝臓で　ア　から　エ　の合成を促進する。その結果，血糖濃度が　オ　して通常の濃度に戻る。

　一方，激しい運動などの後で　ア　が消費され，血糖濃度が　カ　すると，その血液が間脳の視床下部に達することで，血糖濃度の調節中枢からの信号が　b　を通じてすい臓と副腎髄質に伝わる。すい臓のランゲルハンス島のA細胞からは　キ　が，副腎髄質からは　ク　が分泌される。さらに間脳の視床下部から副腎皮質刺激ホルモン放出ホルモンが分泌され，　c　を刺激し，　c　から副腎皮質刺激ホルモンが放出される。これにより副腎皮質から　ケ　が分泌される。　ケ　は組織中の　d　から　ア　への合成を促進する。これらのホルモンのはたらきによって血糖濃度は　コ　し，通常の濃度に戻る。このようにヒトのからだには血糖濃度の増減を調整するしくみが備わっている。

問1 空腹時のヒトの血糖濃度はどれか，最も適当なものを次から1つ選べ。
① 0.01%　　② 0.1%　　③ 1%　　④ 10%

問2 文中の　ア　～　コ　にあてはまる最も適当な語句を，次からそれぞれ1つずつ選べ。同じ語句を何度用いてもよい。
① アドレナリン　　　② インスリン　　　③ グリコーゲン
④ グルカゴン　　　　⑤ グルコース　　　⑥ 糖質コルチコイド
⑦ 鉱質コルチコイド　⑧ 上昇　　　　　　⑨ 低下

問3 文中の　a　と　b　にあてはまる最も適当なものを，次からそれぞれ1つずつ選べ。同じ語句を何度用いてもよい。
① 交感神経　　② 副交感神経

問4 文中の　c　にあてはまる最も適当な語句を，次から1つ選べ。
① 脳下垂体前葉　　② 脳下垂体後葉　　③ 間脳の視床下部　　④ 延髄

問5 文中の　d　にあてはまる最も適当な語句を，次から1つ選べ。
① 糖質　　② 炭水化物　　③ 脂質　　④ タンパク質　　〈金城学院大〉

23 体温調節

体温調節中枢がはたらいた結果起こる現象として最も適当なものを，次から1つ選べ。
① 副腎髄質が刺激されて糖質コルチコイドの分泌が増加すると，放熱量(熱放散)が増加する。
② チロキシンの分泌が増加して肝臓の活動が高まると，発熱量が増加する。
③ アドレナリンの分泌が増加して筋肉の活動が高まると，発熱量が減少する。
④ 交感神経が興奮して汗の分泌が高まると，放熱量が減少する。
⑤ 副交感神経が興奮して汗の分泌が高まると，放熱量が減少する。　〈センター試験〉

24 免疫①

ヒトが外界に存在する病原体などの異物からだを守るしくみは，三重になっている。まず，_a物理的・化学的防御によって異物の侵入を防ぐ。侵入した異物は免疫がはたらいて排除する。免疫には，すべての生物に備わっている_b自然免疫と，脊椎動物にだけある適応免疫(獲得免疫)の2つのしくみが ある。

問1 下線部aに関して，ヒトにおいてみられる物理的・化学的防御について述べた文として誤っているものを，次から1つ選べ。

① 皮膚の表面を覆っている角質層のはたらきで，異物が体内に入るのを防いでいる。

② 気管の粘膜の表面は粘液で覆われ，繊毛運動によって粘液が運ばれることで，異物の侵入を防いでいる。

③ 汗は弱酸性，胃液は強酸性であるため，微生物の繁殖を防ぐ効果をもっている。

④ 涙や唾液に含まれるリゾチームは，ウイルスや細菌など，さまざまな異物を分解することで，異物の侵入を防いでいる。

⑤ 皮膚や粘膜の分泌物には，細菌の細胞膜を破壊するはたらきをもつディフェンシンが含まれている。

問2 下線部bに関して，ヒトの自然免疫のしくみや自然免疫にはたらく細胞について述べた文として誤っているものを，次から1つ選べ。

① 好中球は，侵入した異物を食作用で取り込み分解するはたらきをもつ。

② 単球は，血液からリンパ節に移動するとマクロファージに分化する。

③ 異物を感知したマクロファージが近くの血管などにはたらきかけることで炎症が起こる。

④ 局所的に赤く腫れ，熱や痛みをもつ炎症を起こした部位には，好中球やマクロファージが集まる。

⑤ NK細胞と呼ばれるリンパ球の一種は，ウイルスに感染した細胞やがん化した細胞を認識して破壊する。 〈岩手医大〉

25 免疫②

体内環境が一定であることは，生命活動を維持するうえで重要である。人体は細菌，カビ，ウイルスなどの病原体と日常的に接しているが，これらの病原体の侵入を阻止する生体防御のしくみを備えている。そのなかで，病原体などに対する生体防御機構を免疫という。免疫は，過去の感染の経験によらず，さまざまな病原体に対して即座に幅広くはたらく_a自然免疫と，脊椎動物で発達した ア の2つに分類できる。 ア では_bリンパ球などがはたらき，_c異物(抗原)に特異的に反応する。 ア のきっかけをつくるのは，取り込んだ異物を断片化して細胞表面に提示する イ である。異物情報を提示している イ によりT細胞が活性化し増殖して ウ となり，病原体に感染した細胞を殺し，細胞内の病原体を除去する生体防御機構を エ という。 方，B細胞が活性化して抗体を分泌し細胞外の病原体を除去する生体防御機構を オ という。増殖したT細胞やB細胞の一部は カ として残り，再び同じ病原体が体内に侵入した際に，防御機構がすばやくはたらく。このようなしくみを キ という。臓

器移植された他人の臓器の細胞を殺す反応は ┃ エ ┃ であり，このような現象を移植臓器への ┃ ク ┃ という。

問1 文中の空欄 ┃ ア ┃ に最も適当な語句を漢字で答えよ。

問2 文中の空欄 ┃ イ ┃ ～ ┃ ク ┃ に最も適当な語句を，次からそれぞれ1つずつ選べ。

① NK細胞　　② 好中球　　③ 自己免疫　　④ バクテリオファージ
⑤ 記憶細胞　　⑥ 体液性免疫　　⑦ 樹状細胞　　⑧ 細胞性免疫
⑨ ヘルパーT細胞　　⑩ 抗体性免疫　　⑪ 免疫寛容　　⑫ 拒絶反応
⑬ 幹細胞　　⑭ 免疫記憶　　⑮ フィードバック調節　　⑯ キラーT細胞

問3 下線部aについて， ┃ イ ┃ による断片化した異物の提示が起こる部位として最も適当なものを次から1つ選べ。

① 胸腺　　② 骨髄　　③ ひ臓　　④ リンパ節

問4 下線部bについて，次からリンパ球をすべて選べ。

① T細胞　　② マクロファージ　　③ 樹状細胞
④ B細胞　　⑤ 好中球　　⑥ NK細胞

問5 下線部cについて，異物(抗原)に抗体がはたらき結合することを，何と呼ぶか。

〈慶應大〉

---

26 免疫③

遺伝子型が異なる系統(A〜C)のマウスを用いて，皮膚移植に関する次の実験1〜3を行った。なお，遺伝子型が同じ系統間で移植した皮膚に対して拒絶反応は起こらず，生着するものとする。

実験1 A系統のマウスにB系統のマウスの皮膚を移植したところ，移植片は10日目で脱落した。

実験2 実験1で移植片を拒絶したA系統のマウスに，移植片の脱落後3週間目に，B系統のマウスおよびC系統のマウスの皮膚を再び移植した。

実験3 実験1で移植片を拒絶したA系統のマウスから血清を採取し，B系統のマウスの皮膚を移植されたことのないA系統のマウスに注射した。血清を注射されたA系統のマウスにB系統のマウスの皮膚を移植した。

問1 実験2で移植されたB系統のマウスの皮膚とC系統のマウスの皮膚に関する記述として最も適当なものを，次から1つ選べ。

① B系統のマウスの皮膚は約10日目で脱落したが，C系統のマウスの皮膚は約5日目で脱落した。

② B系統のマウスの皮膚は約5日目で脱落したが，C系統のマウスの皮膚は約10日目で脱落した。

③ B系統とC系統のマウスの皮膚は，どちらも約10日目で脱落した。

④ B系統とC系統のマウスの皮膚は，どちらも約5日目で脱落した。

⑤ B系統とC系統のマウスの皮膚は，どちらも生着した。

問2 下線部の血清に関する記述として最も適当なものを，次から1つ選べ。

① 血しょうのことである　　② 赤血球を含む　　③ リンパ球を含む

④　抗体を含む　　　　　　⑤　予防接種に使われる

問3　実験3で血清を注射されたA系統のマウスに移植されたB系統のマウスの皮膚は，その後約10日目で脱落した。この結果から，移植した皮膚に対する拒絶反応において，移植片を特異的に攻撃する役割を果たした細胞として最も適当なものを，次から1つ選べ。

①　キラーT細胞　　　②　ヘルパーT細胞　　　③　マクロファージ

④　B細胞　　　　　　⑤　樹状細胞

問4　移植した皮膚に対する拒絶反応と同様のしくみで起こる免疫反応として最も適当なものを，次から1つ選べ。

①　花粉症　　　　　②　がん細胞に対する免疫反応　　　③　血液凝固

④　ヘビ毒の中和　　⑤　胃液による異物の除去　　　　　　　　〈関西医大〉

---

［27］ 免疫④

　細胞性免疫や体液性免疫では，通常，　ア　によって自分のからだの物質には反応しない。しかし，何らかの原因で排除されなかった自己反応性のB細胞やT細胞が自分のからだの物質を抗原と認識して，免疫反応を引き起こすことがある。これを a自己免疫疾患という。

　bヒト免疫不全ウイルス(HIV)は，後天性免疫不全症候群(AIDS)を引き起こす。HIVに感染すると，免疫の機能が低下することにより，通常では感染しないような弱い病原体で発病してしまうようになる。これを　イ　という。

　特定の食物を食べると，じんましんやぜんそくなどの症状が現れることがある。外界の異物に対する免疫反応が過敏になり，その結果，生体に不利益をもたらすことを　ウ　という。また，　ウ　はくしゃみ，下痢，おう吐，発疹や c重篤な症状(アナフィラキシーショック)を引き起こす場合もある。

問1　文中の空欄に入る語句として適当なものを，次から1つずつ選べ。

①　免疫抑制　　　②　免疫寛容　　　③　自己抗体　　　④　二次応答

⑤　日和見感染　　⑥　アレルギー　　⑦　食中毒　　　　⑧　免疫不全

問2　下線部aに関して，次から自己免疫疾患に該当する疾患を2つ選べ。

①　インフルエンザ　　　②　花粉症　　　　③　関節リウマチ

④　Ⅰ型糖尿病　　　　　⑤　Ⅱ型糖尿病

問3　下線部bに関する説明として最も適当なものを，次から1つ選べ。

①　ヒト免疫不全ウイルス(HIV)が，ヘルパーT細胞に感染する。

②　自己抗体が自己組織を攻撃することにより，免疫機能が障害される。

③　体液性免疫の機能は低下するが，細胞性免疫の機能は低下しない。

④　ツベルクリン反応により，免疫不全の重症度を判定する。

問4　下線部cに関する次の記述うち，正しいものをすべて選べ。

①　急激な血圧低下や呼吸困難が生じる。　　　②　死に至ることはない。

③　食物で起こることはない。　　　　④　ハチ毒や薬なども原因となることがある。

〈京都女大，金城学院大〉

第3章

生物の多様性と生態系

4 バイオームの多様性と分布

28 さまざまな植生

ある地域に生育している植物の集まりを ア といい，その外観を イ という。 イ は，主として植物群落を構成する植物のうち個体数が多く，占有している空間が最も広い ウ によって特徴づけられる。 イ は，単なる外から見てわかる外部形態であるが，環境と密接な関係がある。地球上の環境は場所により異なるため，そこに生息する動物や微生物を含むすべての生物の集まりを意味する エ は多様である。

問 文中の空欄に入れるのに最も適当な語句を，次から1つずつ選べ。

① ギャップ　　② 極相　　③ 植生　　④ 先駆種
⑤ 相観　　⑥ バイオーム　　⑦ 木本　　⑧ 優占種　　〈武庫川女大〉

29 世界のバイオーム

バイオームに関する右の図を見て，問いに答えよ。

問1 図のa～kに対応するバイオームを，次からそれぞれ1つずつ選べ。

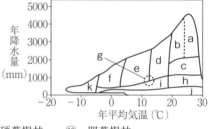

① ステップ　　② サバンナ
③ ツンドラ　　④ 砂漠
⑤ 熱帯多雨林　　⑥ 亜熱帯多雨林
⑦ 雨緑樹林　　⑧ 夏緑樹林　　⑨ 硬葉樹林　　⑩ 照葉樹林
⑪ 針葉樹林

問2 下の表は世界のバイオームについて表したものである。これを参考にしてあとの各問いに答えよ。

	バイオーム	気候の特徴	植生の特徴	植物名
1	ア	オ	ケ	ブナ，ミズナラ
2	イ	カ	低温のため有機物の分解が進まず植生がほとんどみられない	サ
3	ウ	1年中高温多湿で季節の変動が少ない	コ	シ
4	エ	キ	雨季に葉を茂らせ，乾季に葉を落とす落葉広葉樹	ス
5	硬葉樹林	ク	クチクラが発達した，硬くて小さい葉をもつ常緑広葉樹	セ

(1)　表中の　ア　～　エ　にあてはまるバイオームを，問1の①～⑪からそれぞれ1つずつ選べ。

(2)　表中の　オ　～　ク　に最も適する文を，次からそれぞれ1つずつ選べ。
- ①　年平均気温が−5℃以下である。
- ②　温帯のうち比較的寒冷。
- ③　年平均気温が0℃前後。
- ④　雨季と乾季がはっきりしている。
- ⑤　乾季が長い。
- ⑥　年降水量が約200mmを下回る。
- ⑦　温帯内陸部の乾燥地域。
- ⑧　冬に雨が多く，夏の乾燥が厳しい。

(3)　表中の　ケ　，　コ　に最も適する文を，次からそれぞれ1つずつ選べ。
- ①　乾燥に強いイネのなかまが優占，背丈の低い樹木が点在。
- ②　葉の面積が狭い針葉樹。構成する樹種は極端に少ない。
- ③　樹高50mをこす常緑広葉樹。つる性植物など種類数は最多。
- ④　冬に落葉することで寒さに耐える落葉広葉樹。

(4)　表中の　サ　～　セ　にあてはまる植物名を，次からそれぞれ1つずつ選べ。
- ①　地衣類，コケ植物
- ②　サボテン類
- ③　フタバガキ，ガジュマル
- ④　オリーブ，コルクガシ
- ⑤　アカシア，イネのなかま
- ⑥　チーク，コクタン
- ⑦　エゾマツ，トドマツ
- ⑧　スダジイ，タブノキ

問3　針葉樹が優占するバイオームを，図中のa～jからすべて選べ。　　　〈天使大〉

30　日本のバイオーム

　ある地域のバイオームがどの型になるかは，おもに2つの気候要因によって決まる。日本では全域にわたって　ア　が十分なので，　イ　によってバイオームが決定され，南北に応じて異なるバイオームが分布する。このような分布を　ウ　分布という。また，標高に応じて異なるバイオームが分布する。このような分布を　エ　分布という。

問1　文中の空欄に入る最も適当な語の組合せを，次から1つ選べ。

	ア	イ	ウ	エ			ア	イ	ウ	エ
①	気温	降水量	水平	垂直		②	気温	降水量	垂直	水平
③	降水量	気温	水平	垂直		④	降水量	気温	垂直	水平

問2　右の図1は，日本におけるバイオームを表したものである。図中の凡例オ，カにあてはまるバイオームの名称と代表的な樹種の組合せとして最も適当なものを，次ページの①～⑨からそれぞれ1つずつ選べ。

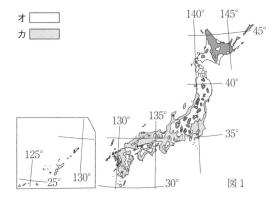

図1

	バイオーム	樹種		バイオーム	樹種
①	照葉樹林	スダジイ・アラカシ	②	照葉樹林	ブナ・ミズナラ
③	照葉樹林	コメツガ・シラビソ	④	夏緑樹林	スダジイ・アラカシ
⑤	夏緑樹林	ブナ・ミズナラ	⑥	夏緑樹林	コメツガ・シラビソ
⑦	針葉樹林	スダジイ・アラカシ	⑧	針葉樹林	ブナ・ミズナラ
⑨	針葉樹林	コメツガ・シラビソ			

問3　右の図2は，日本でみられるバイオームと標高・緯度との関係を表したものである。図中のキに関する記述として最も適当なものを，次から1つ選べ。

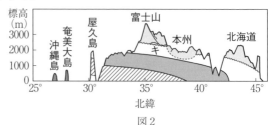

図2

① 照葉樹林が発達し，森林の樹木は冬季に落葉する。

② ブナやミズナラなどが優占する森林がみられ，丘陵帯と呼ばれる。

③ 山地帯と呼ばれ，夏緑樹林が発達する。

④ 東北地方の低地に分布し，針葉樹が優占する。

⑤ 本州中部では亜高山帯と呼ばれ，コメツガやシラビソなどが優占種となっている。

〈自治医大，獨協医大〉

31　遷移

ある地域に生育する植物の種類や数は常に一定ではなく，時間とともに変化している。このような時間による変化のことを遷移と呼ぶ。遷移には，一次遷移と二次遷移がある。

問1　一次遷移とはどのような遷移であるのか，30字程度で説明せよ。

問2　次の(1)～(3)について，そのあとに起こる遷移は，一次遷移，二次遷移のどちらか，

(A)：一次遷移　　(B)：二次遷移

の記号で答えよ。

(1)　過疎化が進み，田畑が耕作放棄された。

(2)　火山が噴火して，溶岩によって新しい島ができた。

(3)　山火事が発生して，森林が消失した。

問3　日本の暖温帯で遷移が進む順番に，次の①～⑤を並べ替えよ。ただし，「荒原」から始まることとする。

①　陰樹林　　　②　混交林　　　③　草原　　　④　低木林　　　⑤　陽樹林

問4　裸地には必ずしもコケ植物や地衣類が侵入するのではなく，遷移の初期段階で裸地に種子植物が侵入することもある。

(1)　このような植物を何と呼ぶか，答えよ。

(2)　この特徴として最も適当なものを，次から1つ選べ。

①　貧栄養条件に強い　　②　弱光条件に強い　　③　大きく重い種子をつくる

④　乾燥条件に弱い

〈京都産業大〉

5 | 生態系とその保全

32 生態系

　生物にとっての環境は，温度・光・水・大気・土壌などからなる ア 環境と，同種・異種の生物からなる イ 環境に分けて考えることができる。物質循環の観点からこれらを1つのまとまりとしてみるとき，これを生態系という。生態系内で ア 環境から生物へのはたらきかけを作用といい，生物が ア 環境に影響を及ぼすはたらきかけを ウ 作用という。

　生態系の中で無機物から有機物を合成する生物を エ といい，ほかの生物を食べて，それを自己のエネルギー源として利用する生物を オ という。土壌中には動植物の遺骸や排出物から養分を得ている菌類や細菌類が生息しており，こうした生物を カ という。 エ と オ ，あるいは オ において"食う－食われる"の関係が一連に続くことを キ というが，実際の自然界における キ の関係は複雑なので ク といわれる。

問1 文中の空欄に入る最も適当なものを，次からそれぞれ1つずつ選べ。

① 栄養　　　　② 環境形成　　　③ 自然形成　　　④ 消費者
⑤ 食物網　　　⑥ 食物連鎖　　　⑦ 生産者　　　　⑧ 製造者
⑨ 生物的　　　⑩ 相互関係　　　⑪ 非生物的　　　⑫ 腐食連鎖
⑬ 分解者　　　⑭ 捕食者　　　　⑮ 物理的　　　　⑯ 有機的

問2 文中の下線部の例として正しいものを，次からすべて選べ。

① 鳥によって，植物の種子が運ばれる。
② 落葉によって，土壌中の有機物が増加する。
③ 光の強さによって，植物の成長速度が変化する。
④ チョウの幼虫によって，植物の葉が食べられる。
⑤ 森林の形成によって，森林内の明るさが変化する。

問3 エ ， オ ， カ の生物の例として正しい組合せを，次から1つ選べ。

	エ	オ	カ		エ	オ	カ
①	イネ	イナゴ	シイタケ	②	アオカビ	ブナ	イネ
③	イナゴ	リス	イヌワシ	④	シイタケ	イナゴ	アオカビ

〈大阪工大〉

33 生態ピラミッド

　生態系において生産者から高次の消費者までの食物連鎖の各段階を 〔　　〕 という。生物の個体数などを 〔　　〕 が下位のものから上位のものに順に積み重ねるとピラミッド型になることが多く，これらをまとめて生態ピラミッドという。

問1 文中の空欄に入る最も適当な語句を答えよ。

問2 文中の下線部に関して，安定した生態系における生態ピラミッドに関する次の文のうち，正しいものを1つ選べ。

① 個体数ピラミッドも生物量ピラミッドも必ずピラミッド型になる。

② 個体数ピラミッドは必ずピラミッド型になるが，生物量ピラミッドは逆転することがある。
③ 個体数ピラミッドは逆転することがあるが，生物量ピラミッドは必ずピラミッド型になる。
④ 個体数ピラミッドも生物量ピラミッドも逆転することがある。

〈大阪工大〉

[34] **水界生態系の保全**

　ある地方の河川上流域の水質を調べたところ，<u>a 河川水質は清水</u>であることがわかった。中流域では集落や田畑からの汚水の流入により<u>b 水質は悪くなっていた</u>が，さらに流下すると<u>c 水質が改善する傾向</u>が認められた。この河川が流入する湖では，春から夏にかけ<u>d 植物プランクトンの異常な増殖が引き起こされ，水面が青緑色になる現象</u>が常態化しており，これは湖の生態系が<u>e 人間活動によって過度に攪乱（かくらん）された結果</u>であると考えられた。

問1　下線部 a について，最も清浄な水質の目安となる生物として適当なものを，次から1つ選べ。

① サワガニ　　　② タニシ　　　③ イトミミズ

問2　下線部 b について，この水質の変化として誤っているものを，次から1つ選べ。

① アンモニウムイオンの濃度は高くなった。
② 水中の酸素の量は少なくなった。
③ BOD(生物学的酸素要求量)値は小さくなった。

問3　下線部 c の流下に従って水質が改善することを何と呼ぶか答えよ。

問4　下線部 d の現象を何と呼ぶか答えよ。

問5　下線部 e について，河川や湖に栄養塩類が蓄積する現象を何と呼ぶか答えよ。

〈大阪工大〉

[35] **水質汚染**

　化学物質の中には，自然環境中に放出された後に生態系の中で残存し，問題となるものがある。生物が外界から取り込んだ<u>特定の化学物質が，通常の代謝を受けることなく，あるいは分解や排出をされないために体内に蓄積</u>して環境中よりも高濃度になることを，[　　　]という。また，そのような物質を蓄積した生物を捕食する，より上位の消費者では，さらに体内の濃度が上昇することがある。

問1　文中の空欄に入る最も適切な用語を答えよ。

問2　文中の下線部の物質の溶解性には，どのような性質があるか。次から最も適切なものを1つ選べ。

① 水溶性(水に溶けやすい)
② 脂溶性(油に溶けやすい)
③ 両親媒性(水にも油にも溶けやすい)

問3　下の表中の生物間の関係において，DDT はシオグサからアオサギまで，何倍に濃縮されたか。

生物名	シオグサ （緑藻類）	ウグイ （小型魚類）	アオサギ （鳥類）
DDT の含有量(mg/kg)	0.080	0.94	3.54

〈大阪薬大〉

[36] 環境問題①

　大気中の二酸化炭素の濃度は，20世紀以降，人間活動による増加が顕著になった。その最も大きな原因は，石油や石炭などの ［ ア ］ 燃料の燃焼である。二酸化炭素は地表からの熱放射を吸収して地球を温かく包む効果があるため，同様の効果をもつ ［ a ］ やフロンなどとともに ［ イ ］ ガスと呼ばれる。これらの気体の増加が地球の温暖化を招いている。石油や石炭の燃焼は，地球温暖化のほかにも重要な環境問題の原因となっている。

問1　文中の ［ ア ］，［ イ ］ にあてはまる最も適当な語句を答えよ。

問2　文中の ［ a ］ にあてはまる最も適当なものを，次から1つ選べ。

①　エタノール　　　　②　メタン　　　　③　過酸化水素　　　　④　セルロース

問3　文中の下線部にある，石油や石炭の燃焼がもたらす地球温暖化以外の環境問題とは何か。次から最も関わりの強いものを1つ選べ。

①　酸性雨　　　②　DDT の生物濃縮　　　③　湖沼でのアオコの発生

④　オゾン層の破壊

〈昭和女大〉

[37] 環境問題②

　人間の活動は，ₐさまざまな環境問題を引き起こしている。日本ではオオクチバスやアライグマなどに代表される ♭外来生物の問題，二酸化炭素などの温室効果ガスによって起こる ꜀地球温暖化などがその例である。

問1　下線部aに関して，現在危惧されている環境問題についての正しい記述を，次からすべて選べ。

①　農作物の収穫量増加のために行う焼き畑が原因となって，砂漠化が起こることがある。

②　地球温暖化が進むと，サンゴに藻類が共生するようになり，サンゴが白くなる白化現象が起こる。

③　里山は積極的に下草刈りが行われることで維持されるため，生育する植物の種類数の減少により生物の多様性が低くなっている。

問2　下線部bに関して，外来生物についての正しい記述を，次からすべて選べ。

①　人間の意図の有無によらず，他の地域から移されて定着した生物は外来生物である。

②　他の地域から移されて定着した生物でも，国内の移動であれば外来生物に含めない。

③　人間にとって利益をもたらす生物は，外来生物には含めない。

④　渡り鳥や回遊魚は，外来生物には含めない。

問3 下線部 c に関して，下図の A〜C はそれぞれ，ハワイ島のマウナロア山頂付近，岩手県の綾里，南極点のいずれか3地点で測定した大気中の二酸化炭素濃度の変動を示している。グラフのジグザクの形状は，植物の光合成速度の季節的な変動によるものである。A〜C の観測地点はそれぞれどの地点で測定したものか答えよ。

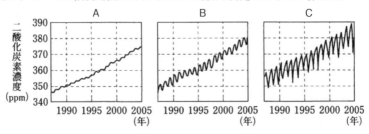

〈名古屋学芸大〉

38 生態系のバランス

ラッコの生息する海域でラッコの個体数が減少すると，ウニの個体数が ア する。そのため，ウニの主食である海藻が イ し，海藻をすみかにしていた魚やエビなどの数が変化して，その海域における種の多様性が ウ する。

問1 ラッコの個体数が減少した場合の変化を示した上の文中の空欄に，「増加」もしくは「減少」のどちらかをそれぞれ答えよ。

問2 この海域におけるラッコのように，生態系のバランスを保つのに重要な役割を果たす種を何と呼ぶか答えよ。

39 生態系サービス

ヒトが生態系から受ける恩恵を生態系サービスという。生態系サービスは役割の違いを元に，①基盤サービス，②供給サービス，③調整サービス，④文化的サービスに分けられる。以下のア〜エの短文はそれぞれどのサービスに含まれるか，①〜④から選べ。ただし，選択肢は重複なく1度ずつ選ぶこととする。

ア．植物などが地盤の保水力を高めること
イ．熱帯雨林の微生物を元にした医薬品開発
ウ．湿原の花の季節にみられる美しい景観
エ．森林の光合成による酸素放出

〈聖マリアンナ医大〉

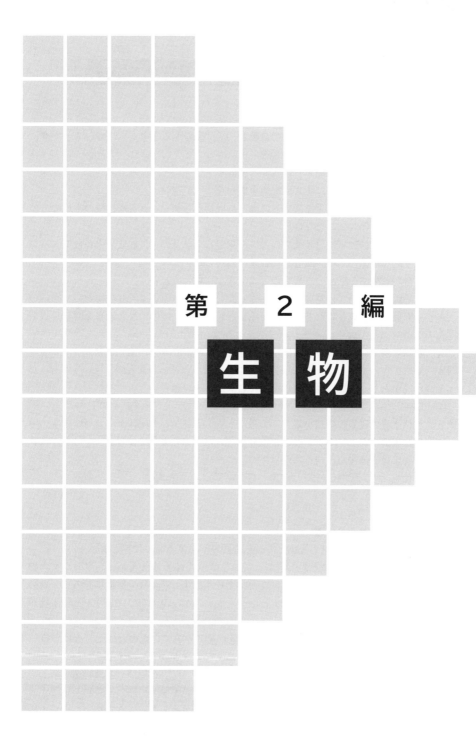

第 2 編

生物

第4章 生物の進化

6 生命の起源と生物の進化

40 化学進化と生命の誕生

生命の誕生に関する次の問いに答えよ。

問1 地球に最初の生物が出現したのは約 ┌─ ア ─┐ 前であると考えられている。空欄に最も適当な年数を次から1つ選べ。

① 46億年　　② 40億年　　③ 26億年　　④ 20億年　　⑤ 6億年

問2 生命の起源に関して，正しい記述を次からすべて選べ。

① 地球上での生命の誕生を考えるには，無機物からタンパク質や核酸の生成の可能性が示されなければならない。

② ミラーは，1953年に原始地球の大気を想定した混合ガスに加熱・火花放電・冷却を繰り返し与え，アミノ酸などの合成に成功した。

③ 生命が誕生する以前の有機物の生成過程を化学合成という。

問3 原始地球において，高い水圧のかかった ┌─ イ ─┐ の周辺で，無機物から分子量の小さい有機物が合成されたとする説が注目されている。空欄に最も適当な語句を次から1つ選べ。

① 縞状鉄鋼層　　② 大陸棚　　③ 熱水噴出孔　　④ 干潟

問4 始原生物の遺伝子は，遺伝情報と酵素のはたらきをあわせもつ ┌─ ウ ─┐ であったという説がある。空欄に最も適当な語句を次から1つ選べ。

① DNA　　② RNA　　③ プラスミド　　④ ヌクレオチド

問5 真核生物の細胞の細胞小器官であるミトコンドリアと葉緑体が，大型の細胞の中に好気性細菌やシアノバクテリアが取り込まれて生じたという説は ┌─ エ ─┐ と呼ばれる。空欄に最も適当な語句を次から1つ選べ。

① 進化説　　② 起源説　　③ 共生説　　④ 細胞説　　⑤ 変遷説

〈東京工科大〉

41 生物の出現とその変遷

生命の起源に関するM君と先生との会話を読み，以下の問いに答えよ。

M 「地球は ┌─ ア ─┐ 前にできたと言われています。当時の地球表面は高温のマグマで覆われていて生命が住める環境ではなかったそうです。その後，数億年経って，初めての生物である ┌─ イ ─┐ が誕生しました。先生，こんな環境なのにどうやって生物が誕生したのですか？」

先生 「良い質問だね。近世まで，自然発生説が信じられていたのだけど，今はミラーの実験による化学進化説が信じられているよ。続きはどうなるのかな？」

M 「はい。当時まだ空気中に酸素はなかったので， ┌─ イ ─┐ は周囲の有機物を分解して発酵でエネルギーを得る ┌─ ウ ─┐ だったと言われています。周囲の有機物が枯渇する前に出現したのが，水と二酸化炭素を原料とし，光エネルギーから有機物を合成する

34

エ です。この頃に出現した代表的な エ に オ があります。これによって放出された酸素は水中に溶けて，呼吸が可能な環境がつくられました。その後，約21億年前に出現したのが カ です。その後，初めての多細胞生物が海中に出現しました。先カンブリア時代末期になると，多細胞生物が多数出現し始めます。この代表的なものが aエディアカラ生物群です。古生代カンブリア紀になると，より体の硬い生物，無脊椎動物が誕生し，現在みられる動物門のほとんどがそろいます。これを「カンブリア大爆発」と言って，バージェス動物群が有名です。bこの後，植物や動物が陸上に進出します。」

問1　　ア　〜　ウ　にあてはまる語句の組合せを，次から1つ選べ。

	ア	イ	ウ
①	約46億年	原核生物	嫌気性生物
②	約38億年	原核生物	嫌気性生物
③	約46億年	原核生物	好気性生物
④	約38億年	真核生物	好気性生物
⑤	約46億年	真核生物	好気性生物

問2　　エ　〜　カ　にあてはまる語句の組合せを，次から1つ選べ。

	エ	オ	カ
①	独立栄養生物	シアノバクテリア	真核生物
②	独立栄養生物	シアノバクテリア	原核生物
③	独立栄養生物	クロレラ	真核生物
④	従属栄養生物	シアノバクテリア	真核生物
⑤	従属栄養生物	クロレラ	真核生物

問3　下線部aに関して，エディアカラ生物群の特徴として最も適当なものはどれか，次から1つ選べ。
①　酸素を用いて呼吸を行う生物がはじめて出現した。
②　昆虫類がはじめて出現した。
③　脊椎動物がはじめて出現した。
④　軟体質で骨格や殻をもたない生物である。

問4　下線部bに関して，古生代シルル紀に，コケ類などの植物が陸上でも生活できるようになった。生物が地上に進出するために必要であった環境条件として，最も重要と考えられるものはどれか，次から1つ選べ。
①　降雨が頻発した。
②　光合成に必要なCO_2が増加した。
③　種子や花粉を運搬してくれる昆虫などの動物が出現した。
④　オゾン層が形成された。

〈国十舘大　獨協医大〉

42 中生代

中生代の地球ではそれまで栄えていたシダ植物にかわり，古生代のデボン紀に出現した種子植物のうち，イチョウやソテツなどの ア 植物が繁栄した。脊椎動物では，古生代の石炭紀に出現した イ 類が地球のあらゆる環境に進出し多様に進化した。ウ 紀には，陸上において繁栄した恐竜から鳥類が生まれた。6,600万年前の エ 紀末には，恐竜などの大型のは虫類がほとんど絶滅する大量絶滅が起こった。

問1 文中の空欄に，最も適切な語句を答えよ。

問2 下線部のとき，海中でも，イカに近縁で中生代の示準化石となっている軟体動物が絶滅した。その動物名を答えよ。

43 新生代

中生代にはソテツやイチョウなどの裸子植物が繁栄したが，新生代になると白亜紀初期に出現した ア 植物が急速に繁栄するようになった。新生代に繁栄する代表的な脊椎動物は，三畳紀(トリアス紀)に出現した イ と，ジュラ紀に出現した ウ である。

問1 文中の空欄に，最も適切な語句を答えよ。

問2 新生代の始まりの年代として最も適切なものを，次から1つ選べ。

① 260万年前 　　② 6600万年前 　　③ 2.5億年前 　　④ 5.4億年前

⑤ 38億年前

7 遺伝子とその組合せの変化

44 突然変異

　ニュースや新聞ではスポーツ選手が「進化」したという表現が，またアニメーションではキャラクターが「進化」したという表現がしばしば使われる。しかし，a このような「進化」は生物学的な意味での進化ではない。進化とは一世代内で起こる変化や一個体に起こる変化ではなく，世代を経て生物の集団に起こる変化を示すからである。

　生物の進化には遺伝的変異が重要である。遺伝的変異は，通常，DNA の遺伝情報の変化である　ア　によって生じる。これは DNA の塩基配列に変化が生じる場合と，b 染色体の数や構造に変化が生じる場合があるが，有性生殖で繁殖する生物では，基本的に c 体細胞に起きた変化は後の世代には伝わらない。従って，このような生物の進化にとって重要な後の世代に伝わる遺伝的変異は，d 生殖細胞で起きる必要がある。生殖細胞で起きた変化は，　イ　どうしの接合を通じて次の世代に伝えられる。

問1 文中の空欄に適語を入れよ。

問2 下線部 a について，生物学的な意味での進化の例を示す文を次からすべて選べ。

① 練習の結果，野球選手が豪速球を打てるようになった。

② モンシロチョウが幼虫から蛹を経て成虫へ変わった。

③ 工場の煤煙の影響で，体色の黒いオオシモフリエダシャクが増加した。

問3 下線部 b について，次の(1), (2)に答えよ。

(1) 染色体のセット数が通常よりも増えた個体のことを何と呼ぶか。

(2) 変化の結果，染色体のセット数が増えるのではなく，特定の染色体のみが1本～数本多くなったり，少なくなったりする場合がある。このような染色体数の変化が起きた個体のことを何と呼ぶか。

問4 下線部 c と d について，動物にみられる次の細胞について体細胞であるものに S，生殖細胞であるものに G を記せ。

① 精原細胞　　② 造血幹細胞　　③ NK 細胞　　④ 二次卵母細胞

〈神奈川大〉

45 遺伝子と染色体

　真核生物の DNA は　ア　と呼ばれるタンパク質に巻き付いて　イ　を形成し，さらに　イ　が規則的に積み重なった　ウ　繊維と呼ばれる構造をつくっている。細胞分裂の際には，それぞれの　ウ　繊維が何重にも折りたたまれて，太く短いひも状の　エ　となる。

　ある動物の生殖細胞がもつすべての遺伝情報を　オ　という。ヒトは生殖細胞である精子と卵が受精して受精卵が生じ，体細胞分裂を繰り返すことで1個体を生じる。よって，すべての体細胞は　カ　組の　オ　をもっている。体細胞分裂では，細胞が分裂する前に，DNA は　キ　され，分裂して娘細胞に　ク　に分配される。一方，精子や卵をつくる　ケ　分裂では，分裂後に　エ　数が　コ　し，DNA 量も　コ　する。

問1 文中の空欄に最も適当なものを，次からそれぞれ1つずつ選べ。

① 減数   ② 半減   ③ 均等   ④ 不均等

⑤ 生殖細胞   ⑥ 複製   ⑦ 転写   ⑧ ゲノム

⑨ 染色体   ⑩ クロマチン   ⑪ ヒストン

⑫ ヌクレオソーム   ⑬ ヌクレオチド   ⑭ 1

⑮ 2   ⑯ 4

問2 体細胞分裂直後のヒトの体細胞には何本の ［ エ ］ が存在するか，1つ選べ。

① 22本   ② 23本   ③ 44本   ④ 46本

---

46 減数分裂

減数分裂と呼ばれる細胞分裂では，［ ア ］回の連続した分裂が起こり，1個の母細胞から ［ イ ］ 個の娘細胞ができる。第一分裂の前期には，相同染色体どうしが ［ ウ ］ して，2本の染色体からなる ［ エ ］ ができる。このとき，相同染色体が交叉し，その一部を交換する ［ オ ］ が起こることがある。

問1 文中の空欄に最も適切な語句・数値を答えよ。

問2 減数分裂によって生じる娘細胞の染色体数は，母細胞の染色体数と比べてどのようになっているか。最も適当なものを，次から1つ選べ。

① 母細胞の $\frac{1}{4}$ ② 母細胞の $\frac{1}{2}$ ③ 母細胞と同数

④ 母細胞の2倍   ⑤ 母細胞の4倍

問3 染色体数 $2n=6$ の母細胞から減数分裂によってできる娘細胞がもつ染色体の組合せは何通りになるか，次から1つ選べ。ただし，染色体の交叉は起こらないとする。

① 2通り   ② 4通り   ③ 6通り   ④ 8通り   ⑤ 12通り

〈奥羽大〉

---

47 連鎖と独立

染色体の数は生物種により異なるが，十数本から数十本程度であることが多い。一方，遺伝子の数は染色体の数よりはるかに多い。したがって，1本の染色体には多数の遺伝子が存在する。このように1本の染色体に多数の遺伝子が存在することを連鎖しているという。遺伝子 A と b，a と B が連鎖している場合を示したものが ［ ア ］ であり，A と B，a と b が連鎖している場合を示したものが ［ イ ］ である。

2つの遺伝子 A と B について，$AABB$ と $aabb$ の交配によって雑種第一代（F_1），$AaBb$ を得た。これら2つの遺伝子が，それぞれ異なる染色体にある場合の F_1 を示したものが ［ ウ ］ である。また，このとき，F_1どうしを交配して得られる F_2の表現型，〔AB〕，〔Ab〕，〔aB〕，〔ab〕の分離比は，〔AB〕：〔Ab〕：〔aB〕：〔ab〕＝ ［ エ ］ になる。

遺伝子 A と B，a と b が連鎖している場合も，$AABB$ と $aabb$ 間の F_1 は $AaBb$ と表される。しかし，2つの遺伝子の連鎖が完全ならば，Ab あるいは aB の組合せの配偶子を生じないので，F_1どうしを交配して得られる F_2の表現型，〔AB〕，〔Ab〕，〔aB〕，〔ab〕

の分離比は，〔AB〕：〔Ab〕：〔aB〕：〔ab〕＝ ___オ___ となる。連鎖が完全でない場合には，少数であるが Ab あるいは aB をもつ配偶子もできる。これは，いくつかの細胞において，相同染色体の間で部分的な交換，すなわち乗換えが起きたためである。乗換えによって染色体内の遺伝子が入れ換わることを組換えという。 ___カ___ は組換えを起こした後の染色体のようすである。

問1 文中の空欄 ___ア___ ，___イ___ ，___ウ___ ，___カ___ に最も適当なものを，次からそれぞれ１つずつ選べ。ただし，同じものを繰り返し選んでもよい。

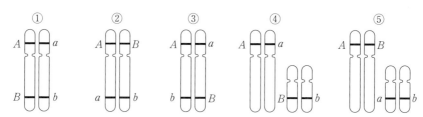

問2 文中の空欄 ___エ___ ，___オ___ に最も適するものを，次からそれぞれ１つずつ選べ。
① 1：1：1：1   ② 1：0：0：1   ③ 7：1：1：7
④ 3：0：0：1   ⑤ 9：3：3：1

〈川崎医療福祉大〉

---

48 染色体地図

ある常染色体上で連鎖している３つの遺伝子 A，B および C（それぞれの潜性対立遺伝子は a，b および c）について，それぞれヘテロ接合体と潜性ホモ個体との交配を行い，得られた子の表現型と分離比を調べたところ，右の表の結果が得られた。

親の組合せ	AaBb × aabb			
子の表現型と 分離比 ＝	〔AB〕：	〔Ab〕：	〔aB〕：	〔ab〕
	47 ：	3 ：	3 ：	47

親の組合せ	BbCc × bbcc			
子の表現型と 分離比 ＝	〔BC〕：	〔Bc〕：	〔bC〕：	〔bc〕
	21 ：	4 ：	4 ：	21

親の組合せ	AaCc × aacc			
子の表現型と 分離比 ＝	〔AC〕：	〔Ac〕：	〔aC〕：	〔ac〕
	9 ：	1 ：	1 ：	9

問1 遺伝子 AB 間，BC 間，AC 間の組換え価（％）をそれぞれ求めよ。

問2 連鎖している遺伝子は，遺伝子間の距離が離れているほど組換えが起こりやすい。表の結果をもとに，遺伝子 A，B，C 染色体上の位置の順序を次の図のようにア，イ，ウで表すと，どのようになるか。最も適当な組合せを，下の①〜④から１つ選べ。

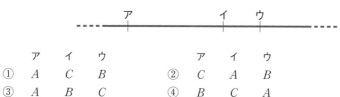

	ア	イ	ウ			ア	イ	ウ
①	A	C	B		②	C	A	B
③	A	B	C		④	B	C	A

8 進化のしくみ

49 進化のしくみ

　生物の分類における基本単位である種とは，形態・生理・生態などにおいて共通の特徴をもつ個体の集団であると同時に，個体どうしが ア によって イ 能力をもつ子孫を残すことができる集団でもある。従って，何らかの原因によって ア を行うことができないか，あるいはそれができたとしても， イ 能力をもつ子孫が残せない個体どうしは異なる種に属しているといえる。集団間で子孫が残せない場合，これらの集団は ウ の状態にあると呼ばれる。

　_aある生物種から新たな種が誕生することを種分化という。下の模式図は種Aが物理的な障壁により2つの集団に分断されたのちに起きた種分化のしくみ（①～④）を表している。

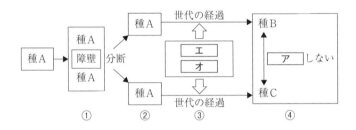

①　種Aの生息地に海や山などの障壁ができる。
②　_b障壁によって種Aが2つの集団に分断される。
③　各集団で突然変異が起こると，有利な変異をもつ個体がより多くの子を残すことによる エ や，偶然による遺伝子頻度の変化である オ によって，集団間の遺伝的な差異が世代を経るごとに大きくなり，形態・生理・生態などの特徴が徐々に異なってくる。
④　やがて，障壁が解消され，分断されていた2つの集団が出会ったとしても， ア しない。つまり，この2つの集団は ウ の状態にあり，種Aは種Bと種Cに種分化したと考えられる。

問1　文と図中の空欄に適切な語句を入れよ。
問2　下線部aについて，種内の遺伝子頻度が変化したり，種内の形質がわずかに変化したりするなど，種分化に至らない進化を何と呼ぶか答えよ。
問3　下線部bについて，海や山などの障壁によって集団が2つに分断されることを何と呼ぶか答えよ。
問4　 エ による進化を何と呼ぶか答えよ。
問5　 オ による進化を何と呼ぶか答えよ。

〈香川大〉

50 適応進化の例

被子植物の花にはさまざまな動物が訪れる。ある花には，在来種のあるハチが訪れて蜜や花粉を栄養源として利用し，花はハチのからだに付着する花粉によって受精を行う。この花は細長い花筒(かとう)をもち，その奥に蜜がたまっている。右の図のように，ハチの細長い口吻(こうふん)(突出した口器)の長さは，花筒の長さとよく一致している。

口吻

花筒

〈花を訪れるハチ〉

蜜を吸うために花筒の長い花を訪れる昆虫(訪花昆虫)においては，より長い口吻をもつ個体は，花筒の奥の蜜を吸いやすく，生存や繁殖において有利であるため，口吻は長くなる傾向にある。一方，植物においては，訪花昆虫の口吻より　 ア 　花筒をもつ個体は，蜜を吸われやすいが，昆虫のからだに花粉が付着しにくいため，繁殖において　 イ 　であり，結果として花筒も長くなる傾向にある。このような種間の相互作用によって生じる進化を　 ウ 　という。

問 文中の空欄にあてはまる最も適当なものを，それぞれの選択肢から1つずつ選べ。

(1) 　 ア 　の選択肢

  ① 長い　　② 短い

(2) 　 イ 　の選択肢

  ① 有利　　② 不利

(3) 　 ウ 　の選択肢

  ① 共進化　　② 収束進化(収れん)

〈センター試験〉

51 集団遺伝

集団遺伝について，次の問いに答えよ。

問1 ハーディ・ワインベルグの法則が成り立つ場合，集団内の遺伝子頻度は世代を経ても変化せず，遺伝子頻度が$(A, a)=(p, q)$ (ただし$p+q=1$)であるとき，遺伝子型とその頻度は $(AA, Aa, aa)=(p^2, 2pq, q^2)$ となる。この法則が成り立つ条件として誤ったものを，次からすべて選べ。

① 遺伝的浮動の影響が大きい。

② 突然変異が起こらない。

③ 個体の移出入がない。

④ 交配が任意ではない。

⑤ 自然選択がはたらかない。

問2 ハーディ・ワインベルグの法則が成り立つある茶色い羽毛の鳥の集団に，白い羽毛をもつ個体が4％含まれている。この白色の羽毛は潜性形質であり，一組の対立遺伝子によって生じる。

(1) この集団の中で，羽毛を茶色にする遺伝子の遺伝子頻度を求めよ。

(2) この集団の中で，羽毛を茶色にする遺伝子をヘテロ接合体としてもつ個体の割合を求めよ。ただし単位はパーセント(％)とする。

〈東邦大〉

第4章　生物の進化

9 | 生物の系統と進化

52 分類階級

　1735年，　ア　は「自然の体系」を著し，生物の種が分類の基本単位であることを提唱した。形質が似た種の生物は　イ　というグループにまとめられ，さらに似た　イ　を集めて科というグループにまとめられる。同じように，さらに高次のグループとして　ウ　，綱，　エ　，界，ドメインなどが置かれている。

　　ア　は種の名前のつけ方を確立し，生物を特定のグループに分類する体系をつくった。この方法に基づいて生物は学名が与えられ，例えば，日本の国鳥であるトキは*Nipponia nippon*，主要穀類であるイネは*Oryza sativa*といったように　オ　語で表記される2つの単語で名づけられる。はじめの単語は　カ　，2番目の単語は種を特定する　キ　を意味する。

問1　文中の空欄に適切な語句を答えよ。

問2　下線部の命名法を答えよ。
〈富山県大〉

53 分子系統樹

　異なる生物種間の系統関係や共通の祖先から分かれた年代は，相同なタンパク質のアミノ酸配列や遺伝子の塩基配列を比較し，その置換速度が一定であると仮定し推定できる。また，その結果をもとに類縁関係を表した図を分子系統樹という。上の表は3種類の生物種についてある相同なタンパク質を比較したもので，表中の数値はアミノ酸が異なっている場所の数（置換数）を表している。

	生物種X	生物種Y	生物種Z
生物種Y	17		
生物種Z	69	66	
生物種W	26	29	71

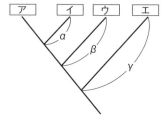

　右の図は，表の値を用いて作成した分子系統樹である。　ア　～　エ　には生物種X～Wのいずれかが，α～γにはアミノ酸置換数が入る。

問1　図中の　ウ　と　エ　に入る生物種の組合せとして最も適当なものを，次から1つ選べ。

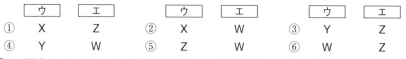

	ウ	エ		ウ	エ		ウ	エ
①	X	Z	②	X	W	③	Y	Z
④	Y	W	⑤	Z	W	⑥	W	Z

問2　図中のβに入るアミノ酸置換数として最も適当なものを，次から1つ選べ。

　　① 5　　② 9　　③ 14　　④ 21　　⑤ 26　　⑥ 34

〈獨協医大〉

54 3ドメイン説

細胞の構造に着目すると，生物は，| ア |生物と| イ |生物に二分される。しかし，DNAの| ウ |配列に基づいた系統解析によって，| ア |生物には2つの異なる系統の生物群が存在することが明らかになってきた。さらに，ウーズらが，すべての生物がもつ| エ |RNAの解析結果から，右図のような3つのドメインに分ける方法（3ドメイン説）を提唱した。

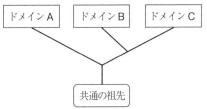

問1 文中の空欄に適語を入れよ。

問2 図中のA〜Cの各ドメインの名称を答えよ。

問3 この3ドメイン説に基づくと，次の生物はどのドメインに属するか，図中のA〜Cの記号で答えよ。

① アメーバ ② イチョウ ③ メタン菌 ④ 大腸菌
⑤ ゾウリムシ ⑥ 超好熱菌 〈東北福祉大〉

55 植物の分類

植物とは，コケ植物・シダ植物・裸子植物・被子植物からなり，光合成を行い，おもに陸上で生活する多細胞生物である。光合成色素の種類や細胞分裂の特徴，およびDNAなどの情報から，植物の祖先はシャジクモ類であると考えられている。

問 右図は植物の系統を示している。
図のa〜dに適切なものを，次からそれぞれ1つずつ選べ。

① 維管束 ② クチクラ層 ③ 子房 ④ 種子 〈鳥取大〉

56 動物の分類

動物の系統に関する次の問いに答えよ。

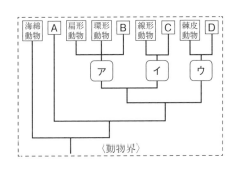

問1 右の図の| A |〜| D |にあてはまる動物を，次の語群から選べ。
[語群] 節足動物 刺胞動物
脊索動物 軟体動物

問2 次の(1)〜(3)の特徴として最も適切なものを，下の①〜⑥からそれぞれ1つずつ選べ。
(1) 環形動物および| B |の多くに共通する特徴| ア |
(2) 線形動物と| C |に共通する特徴| イ |

(3) 棘皮動物と　D　に共通する発生様式の特徴　ウ

① 旧口動物である

② 新口動物である

③ 発生過程でトロコフォア幼生を経る

④ 発生過程でプルテウス幼生を経る

⑤ 成長にともない脱皮を行う

⑥ 胚発生の一時期，もしくは生涯を通じて脊索をもつ

〈高知大〉

57 ヒトの進化

新生代に入ると，哺乳類の中からサルのなかまである　ア　が出現した。　ア　は樹上生活に適応した特徴をもつ。新生代新第三紀の初めごろ，　ア　の中から尾をもたない　イ　のなかまが出現した。　イ　から人類がいつ出現したのかははっきりとはわかっていないが，　ウ　の各地から初期の人類の化石が発見されており，人類は　ウ　で出現したものと考えられている。

問1　文中の空欄に最も適切な語句を，次から1つずつ選べ。

[語群]　猿人，原人，類人猿，霊長類，アフリカ，中国，ドイツ

問2　イ　でないものを，次から1つ選べ。

① テナガザル　　　② チンパンジー　　　③ ツパイ　　　④ オランウータン

⑤ ゴリラ

問3　ヒトと　イ　とを比較したとき，ヒトでのみみられる特徴として正しいものを，次から2つ選べ。

① 大後頭孔の位置が後方に偏っている。

② 眼窩上隆起が発達している。

③ 4本の指が親指と向かい合う拇指対向性がみられる。

④ 骨盤がより左右に広がっている。

⑤ 直立二足歩行を行う。

⑥ 両眼が顔の前面にあり，両眼視による立体視が可能である。

第5章 生命現象と物質

10 | 細胞と分子

58 生体構成物質

細胞を構成する物質には，a タンパク質・b 核酸・c 脂質・炭水化物・無機塩類・水などがある。質量で比較すると，植物組織に最も多く含まれる物質は ア であり，2番目に多く含まれる物質は イ である。

問1 文中の空欄に入る語句の組合せとして最も適当なものを，次から1つ選べ。

	ア	イ		ア	イ		ア	イ
①	タンパク質	炭水化物	②	タンパク質	水	③	炭水化物	タンパク質
④	炭水化物	水	⑤	水	タンパク質	⑥	水	炭水化物

問2 下線部aではないものはどれか，次から1つ選べ。

① インスリン　　　② ミオシン　　　③ アデノシン
④ ナトリウムポンプ　　　⑤ 免疫グロブリン　　　⑥ DNAポリメラーゼ

問3 下線部bに関する正しい記述として最も適切なものを，次から1つ選べ。

① 常に2本鎖として存在する。　② 原核細胞には存在しない。
③ 翻訳にはかかわらない。　④ 核の中だけにある。　⑤ 糖を含んでいる。

問4 下線部cのうち，細胞膜などの生体膜の成分を，次から1つ選べ。

① 脂肪　② コルチコイド　③ ビタミンA　④ リン脂質

59 細胞の構造とはたらき

次のア～コの細胞構造体に関して，以下の問いに答えよ。

ア．細胞膜　イ．ゴルジ体　ウ．核小体　エ．核膜
オ．ミトコンドリア　カ．中心体　キ．細胞壁
ク．葉緑体　ケ．液胞　コ．リボソーム

問1 右の図は，動物細胞と植物細胞を電子顕微鏡で観察し模式化したものである。ア～コのそれぞれに対応するものを，図中のa～kからそれぞれ1つずつ選べ。

問2 次の①～⑩の文は，細胞構造の機能や特徴を記したものである。ア～コに対応するものを，それぞれ1つずつ選べ。

① 細胞分裂の際，紡錘糸の形成に関係する。
② 光エネルギーを利用して，二酸化炭素と水から有機物を合成する。
③ 内外連続した2枚の膜で，ところどころ孔が開いている。
④ 細胞内で合成したものを細胞外へ分泌できるようにする。
⑤ 糖や色素などを含み，水分の調節に関係する。
⑥ 細胞内外の間での物質の移動を調節する。

⑦　呼吸に関する酵素を含み，有機物を分解して，ATPを合成する。

⑧　全透性の性質を有し，セルロースやペクチンからなっている。

⑨　タンパク質合成の場である。

⑩　rRNA合成の場である。

問3　ア〜コのうち，原核細胞にも存在するものをすべて選べ。ただし，該当するものがないときは，「なし」と答えよ。　　　　　〈北海道医療大，女子栄養大，広島国際大〉

---

60 細胞骨格

　細胞の内部は細胞質基質(サイトゾル)で満たされ，さまざまな細胞小器官が存在しているが，細胞の形や細胞小器官は，タンパク質でできた繊維状の構造物に支えられている。この構造物を細胞骨格といい，右の図に示したように，ア，イ，ウの3つに分けられる。アはマイクロフィラメントとも呼ばれ，直径7nmほどで細胞骨格のうち最も細い繊維である。イは直径10nmほどで，繊維状のタンパク質を束ねた形態をしており，非常に強度がある。ウは，チューブリンという球状タンパク質が集合してできた直径25nmほどの中空の管で，細胞小器官であるエから周囲に向けて放射状に分布している。

問1　文中の空欄に入る最も適切な用語を記せ。

問2　アと相互作用するモータータンパク質の名称を答えよ。

問3　ウと相互作用するモータータンパク質の名称を2つ答えよ。

問4　次の(1)〜(3)の機能に関係する細胞骨格は，ア，イ，ウのどれか。

(1)　細胞や核の形を保つ役割　　(2)　細胞分裂時における染色体の分配

(3)　筋収縮　　　　　　　　　　　　　　　　　　　　　　　〈大阪薬大〉

---

61 生体膜の構造と特徴

　細胞や細胞小器官は膜によって囲まれている。このような細胞膜や細胞小器官の膜はまとめて生体膜と呼ばれ，基本的には同じ構造をしている。生体膜のはたらきと構造に関する次の文と図について，問いに答えよ。

　生体膜は，厚さ約　A　nmで，構成している物質は，アとタンパク質である。なお，1nmは，　B　分の1mである。

　生体膜にはいろいろな種類のタンパク質があり，物質の輸送に重要なはたらきをしている。これらのタンパク質の特徴は，分子やイオンの種類によって物質を通過させたり遮断したりすることにある。このような，特定の物質のみを通す性質はイと呼ばれる。

　生体膜に存在するタンパク質のうち，特定の物質を通す孔をもつものは，ウと呼ばれる。ウで行われる濃度の勾配に従った物質輸送は，エと呼ばれる。生体膜に存在し，水分子だけを通過させる孔をもつタンパク質はオと呼ばれる。生

体膜では，エネルギーを使い，物質の濃度差に逆らった物質輸送も行われている。このような物質輸送のしくみは　カ　と呼ばれ，自身と結合した特定の物質を生体膜の反対側へ　カ　するタンパク質は　キ　と呼ばれる。

　また，細胞膜を介して大型の物質を出入りさせるときには，物質を包み込んだ小胞を形成し，これによる分泌を　ク　，取り込みを　ケ　と呼ぶ。　ク　によって分泌されるタンパク質の例として　C　があげられる。このようなタンパク質は，リボソームで合成されて　コ　から　サ　へと送られ，　サ　から分離した分泌小胞が細胞膜と融合することで細胞外へ分泌される。

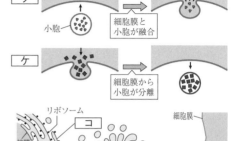

問1　文中の　A　，　B　に最も適当な数値を，次から1つずつ選べ。

① 0.5～0.6　　② 5～6
③ 50～60　　④ 10^3
⑤ 10^6　　⑥ 10^9

問2　文中および図中の　ア　～　サ　に入る適切な語を答えよ。

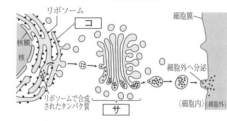

問3　文中の　C　に最も適当な語を，次から1つ選べ。

① アミラーゼ　　② ヘモグロビン　　③ ヒストン

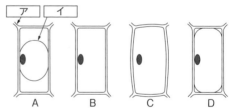

〈和歌山大，自治医大〉

62　細胞と浸透現象

　右の図は，ある植物細胞を，蒸留水，7％スクロース溶液，15％スクロース溶液，20％スクロース溶液のいずれかに10分間浸した後の模式図である。

問1　A図の　ア　，　イ　で示される構造の名称を，それぞれ答えよ。

問2　A図の細胞の状態を何というか答えよ。

問3　7％スクロース溶液に浸した細胞の図はA～Dのどれか。

問4　細胞の浸透圧が最も高い図はA～Dのどれか。

〈福島教育大〉

63　タンパク質の構造と性質

　細胞成分のタンパク質について，以下の問いに答えよ。

問1　一般的な動物組織において，水を除いた高分子比で比べると，タンパク質は何番目に多いか，次から1つ選べ。

① 1番目　　② 2番目　　③ 3番目　　④ 4番目

問2　タンパク質を構成するアミノ酸は何種類あるか，次から1つ選べ。
　①　4種類　　　②　16種類　　　③　20種類　　　④　64種類
問3　アミノ酸どうしの結合を何と呼ぶか，次から1つ選べ。
　①　水素結合　　　②　ペプチド結合　　　③　S－S結合　　　④　エステル結合
問4　タンパク質の構造に関する正しい記述を，次から1つ選べ。
　①　ポリペプチドを構成するアミノ酸の数を一次構造と呼ぶ。
　②　ポリペプチドを構成するアミノ酸の配列順序を二次構造と呼ぶ。
　③　ポリペプチドの一部がつくるらせん構造やジグザグ構造を三次構造と呼ぶ。
　④　複数のポリペプチドが集まってつくる構造を四次構造と呼ぶ。
問5　熱や酸でタンパク質の立体構造が変化することを何と呼ぶか，次から1つ選べ。
　①　屈性　　　②　傾性　　　③　失活　　　④　変性
問6　次の(1)，(2)に適切なタンパク質を，下の①〜④から1つずつ選べ。
　(1)　細胞骨格を構成するタンパク質
　(2)　DNAと結合して染色体を構成するタンパク質
　①　チューブリン　　②　アミラーゼ　　③　DNAポリメラーゼ　　④　ヒストン
問7　タンパク質には含まれない元素はどれか，次から1つ選べ。
　①　C　　　②　H　　　③　O　　　④　P　　　⑤　N
問8　アミノ酸4個が配列する組合せは何通りあるか，次から1つ選べ。
　①　4通り　　　②　80通り　　　③　1600通り　　　④　160000通り

〈奥羽大〉

64　生命活動とタンパク質

　タンパク質はアミノ酸が多数つながったポリペプチドでできている。1本のポリペプチドは α ヘリックスや β シートという　　ア　　構造をとり，　　ア　　構造がさらに組み合わされてより複雑な立体構造をつくる。このとき　　イ　　と呼ばれる一群のタンパク質が折りたたみを助けることがある。

　タンパク質には多くの種類があり，それぞれが生命活動を支えるためにはたらいている。タンパク質は，そのはたらき方から酵素，a運動に関わるタンパク質，bホルモン，c物質の運搬にはたらくタンパク質，d生体防御に関わるタンパク質，受容体，および生体の構造をつくるタンパク質などに分類することができる。

問1　文中の空欄に入る語句の組合せとして最も適切なものを，次から1つ選べ。

	ア	イ		ア	イ		ア	イ
①	二次	オペロン	②	二次	シャペロン	③	二次	プロモーター
④	三次	オペロン	⑤	三次	シャペロン	⑥	三次	プロモーター

問2　下線部a〜dに関係するタンパク質として最も適当なものを，次から1つずつ選べ。
　①　バソプレシン　　②　カドヘリン　　③　免疫グロブリン　　④　コラーゲン
　⑤　カタラーゼ　　　⑥　トリプシン　　⑦　ミオシン　　　　⑧　ヘモグロビン

〈東海大〉

11 | 代 謝

65 酵素

反応の前後で自身は変化しないが，反応を促進する物質を ア という。これは，ア が反応に必要な イ エネルギーを低下させるためである。一般に多くの化学反応は，温度を上げると速く進む。生体内では特殊な場合を除いて，常温，ほぼ中性と穏和な条件にもかかわらず化学反応が効率よく進行している。これは，酵素が ア としてはたらいているためである。酵素がはたらきかける相手の物質を ウ という。

酵素が化学反応を進めるときには，まず酵素は エ と呼ばれる部分で ウ に結合して，オ を形成する。酵素が特定の物質のみにはたらきかける性質を，カ と呼ぶ。酵素が カ をもつのは，酵素がタンパク質で構成されており，特有な立体構造をもっているからである。

問1 文中の空欄にあてはまる語を答えよ。

問2 下線部に関して，酵素の中には中性以外の pH で活性が最も高くなるものもある。

(1) 活性が最も高くなる pH 条件を何と呼ぶか答えよ。

(2) アミラーゼとペプシンの活性が最も高くなる pH を，次から1つずつ選べ。

 ① pH2 ② pH7 ③ pH8   〈長岡技科大〉

66 酵素反応の阻害と調節

酵素はそれぞれ特有の活性部位をもち，活性部位に結合する基質のみに作用する。しかし，a基質とよく似た構造の物質がいっしょに存在すると，活性部位を奪いあうため，反応は阻害を受ける。

一方，多数の酵素が関与する一連の反応では，b最終産物が最初の反応に関わる酵素のはたらきを抑制していることが多い。右図のように物質Aから物質Bへ酵素Aにより反応が進む場合，c最終産物が酵素Aのある部位に結合すると，酵素Aの立体構造が変化して物質Aと結合できなくなる。その結果，酵素反応全体が阻害され，最終産物はつくられなくなる。最終産物が消費されて減少すると酵素Aのはたらきが回復して再び反応が進行する。

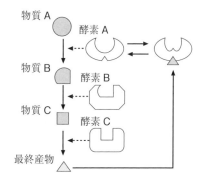

物質A   酵素A
物質B   酵素B
物質C   酵素C
最終産物

問1 文中の下線部aのような酵素反応の阻害を何というか。

問2 文中の下線部bのように，最終産物が反応系全体の進行を調節するはたらきを何というか。

問3 文中の下線部cのように，基質以外の物質が結合すると立体構造が変化するような酵素Aの部位を何というか。   〈名城大〉

生物に必要なエネルギーのほとんどは，ATP を分解することによって得られる。一方，ATP は呼吸による有機物の分解反応で得たエネルギーで合成される。右の図はグルコースが呼吸基質となった場合の呼吸と発酵の模式図である。

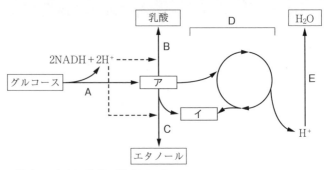

問1 図中の ア ， イ の物質名を答えよ。

問2 乳酸菌が行う「グルコース→ ア →乳酸」の過程は何と呼ばれるか。

問3 酵母が行う「グルコース→ ア →エタノール」の過程は何と呼ばれるか。

問4 ミトコンドリアで行われる過程はどれか，A～Eからすべて選べ。

問5 最も多くの ATP を生成する過程はどれか，A～Eから1つ選べ。また，その過程の名称を記せ。

問6 呼吸の過程で，生じた電子を最終的に受け取るものはどれか，次から1つ選べ。
① 酸素　　② クエン酸　　③ NAD^+　　④ ADP

問7 透過型電子顕微鏡で観察されるミトコンドリアの模式図を描き，次の5つの名称を指示線を用いて図中に記入せよ。
名称：外膜，内膜，膜間腔，クリステ，マトリックス

〈東京歯大〉

下図は3種類の呼吸基質の分解過程の模式図である。下の各問いに答えよ。

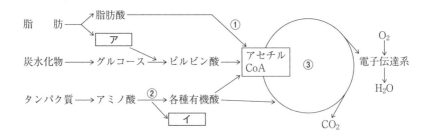

問1 図中の空欄にあてはまる物質は何か。その名称を答えよ。

問2 図中の①，②の化学反応を何と呼ぶか。それぞれ名称を答えよ。

問3 図中の③の化学反応のサイクルを何と呼ぶか。その名称を答えよ。

〈福岡歯大〉

69 呼吸商

呼吸において，排出された CO_2 量を吸収した O_2 量で割った体積比を呼吸商という。呼吸で用いられる呼吸基質の種類には炭水化物やタンパク質，脂肪などがあり，それぞれ呼吸商は異なる。よって，呼吸商を求めることにより，個体や組織が利用している呼吸基質の種類を推定することができる。2種類の植物の呼吸商を求めるため，次の実験を行った。

実験．図1のような装置を準備し，フラスコA，フラスコBに植物の発芽種子を同量ずつ入れた。暗所に一定時間置いた後，着色液が移動した距離から各フラスコ内の気体の減少量を測定した。植物X，植物Yの発芽種子のそれぞれについて測定を行い，表1の結果を得た。なお，温度および湿度，気圧は実験を通して一定であるとする。また，発芽種子は発酵を行わないものとする。

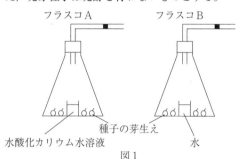

図1

表1

	フラスコA	フラスコB
植物X	490mm^3	10mm^3
植物Y	560mm^3	163mm^3

問1 フラスコAに水酸化カリウム水溶液を入れた理由として最も適切なものを，次から1つ選べ。
① 酸素を装置内から除くため。
② 酸素の装置内の濃度を20％に保つため。
③ 二酸化炭素を装置内から除くため。
④ 二酸化炭素の装置内の濃度を0.04％に保つため。

問2 フラスコAとBの気体の減少量が示すものとして最もふさわしいものを，次からそれぞれ1つずつ選べ。
① 呼吸による酸素吸収量
② 呼吸による二酸化炭素放出量
③ 呼吸による酸素吸収量と二酸化炭素放出量の合計
④ 呼吸による酸素吸収量と二酸化炭素放出量の差

問3 植物Xの呼吸商を，小数第二位を四捨五入して小数第一位まで答えよ。

問4 植物Yの呼吸基質として最もふさわしいものを，次から1つ選べ。
① 脂肪　　② 炭水化物　　③ タンパク質

〈國學院大，東京薬大〉

70 光合成

植物は右の図で示した細胞中の ア と呼ばれる粒状の細胞小器官で光合成を行う。 ア は内部に イ と呼ばれる膜構造が発達している。 イ には ウ などの光合成色素が存在する。 イ が層状に重なった部分を エ といい，その間を埋めている基質部分を オ という。

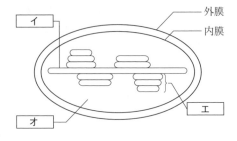

図： ア の内部構造

光合成では，まず $_a$光エネルギーが ウ などの光合成色素に吸収される。その反応にともなって，$_b$水が分解され カ が発生する。その際，$_c$ADP とリン酸から キ が合成される。生じた キ のエネルギーを用いて気孔から取り込んだ$_d$ ク を固定して ケ などの有機物を合成する。この有機物は植物の生命活動のエネルギー源となる。

問1 文中および図中の空欄に最も適する語をそれぞれ答えよ。

問2 下線部 a～d は，それぞれ図の イ と オ のどちらで起こるか，それぞれ記号で答えよ。

〈福山大〉

71 細菌の炭酸同化

細菌の炭酸同化（炭素同化）について記した次の文から，正しいものをすべて選べ。

① バクテリオクロロフィルをもつ光合成細菌は，硫化水素を分解して硫黄を生成する。

② クロロフィルをもつシアノバクテリアは，水を分解して酸素を生成する。

③ 硝酸菌は硝酸イオンを亜硝酸イオンにし，その際に得られる化学エネルギーで炭酸同化（炭素同化）する。

④ 硫黄細菌は硫化水素を酸素によって酸化し，その際に得られる化学エネルギーで炭酸同化（炭素同化）する。

〈東京理科大〉

第6章 遺伝情報の発現と発生

12 遺伝情報とその発現

72 核酸の構造

DNAやRNAなどの核酸は,糖とリン酸と塩基が結合したヌクレオチドを単位とする。ヌクレオチドの糖に含まれる炭素には,酸素原子を基準に何番目の位置にあるかで1′から5′までの番号がつけられている。塩基は1′の炭素に,リン酸は5′の炭素に結合している。

核酸を構成するヌクレオチド鎖はヌクレオチドどうしが糖とリン酸の部分で多数結合したものである。よって,ヌクレオチド鎖の一方の端はリン酸で,他方の端は糖である。このように,核酸には方向性があり,リン酸側の末端は ア 末端,糖側の末端は イ 末端と呼ばれる。

ヌクレオチドが結合してヌクレオチド鎖をつくるときは,リン酸を3つもつヌクレオチドが材料になる。これはヌクレオシド三リン酸と呼ばれ,ATPもヌクレオシド三リン酸の一種である。つまりリン酸間の結合は 結合で,結合が切られるときにはエネルギーが放出される。ヌクレオチド鎖伸長の際には,ヌクレオシド三リン酸のリン酸が2つ外され,放出されるエネルギーを用いて,ヌクレオチド鎖の ウ 末端の糖に結合する。よって,ヌクレオチド鎖は エ → オ 方向にのみ伸長する。

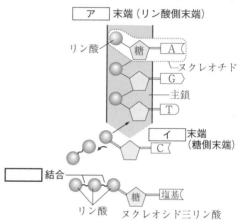

問1 図を参考にして,文中の ア ～ オ に1′～5′の適切な番号を答えよ。

問2 文中の空欄 に最も適切な語を答えよ。

73 DNA の複製

問1 細胞内でのDNAの複製について誤っている記述を,次の①～⑥から1つ選べ。

① DNAの複製は特定の部位から開始される。

② 連続的に合成される鎖をリーディング鎖,不連続的に合成される鎖をラギング鎖という。

③ ラギング鎖では,5′→3′方向に岡崎フラグメントが合成される。

④ DNAリガーゼは新しく合成されたヌクレオチド鎖どうしを連結する。

⑤ DNAポリメラーゼは塩基間の水素結合を切断し,DNA鎖を部分的にほどく。

⑥　複製の開始点には，最初に短い RNA 鎖が合成され，そこに新しいヌクレオチド鎖が結合する。

問2　下図は，鋳型の 2 本鎖 DNA が部分的にほどけて 1 本鎖になり，DNA 合成が起こっている部分の片側の模式図であり，矢印の向きは新しく合成される鎖の合成方向を示している。合成の方向と新しく合成される鎖の組合せが正しいものを，図①〜⑧からすべて選べ。

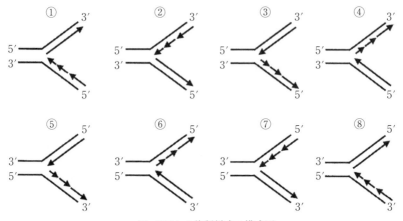

図　DNA の複製様式の模式図

〈東京薬科大〉

---

74 遺伝子の発現①

次の文の空欄に入る最も適切な語を，次ページの［語群］から 1 つずつ選べ。

真核細胞において，転写は核内で行われる。　ア　は，二重らせん構造が開裂されて 1 本鎖となった一方のヌクレオチド鎖に　イ　な RNA のヌクレオチド鎖を合成する酵素である。このとき，　ア　は，　ウ　と同じように RNA のヌクレオチド鎖を 5′→3′ の方向に合成していく。

RNA に転写される鎖を　エ　，されない鎖を　オ　という。2 本鎖のどちらが　エ　となるかは遺伝子ごとに決まっており，1 本の鎖全体には　エ　と　オ　の両方が存在する。

真核生物では，多くの場合，RNA の合成後に核内でそのヌクレオチド鎖の一部が取り除かれることが知られている。このとき取り除かれる部分に対応する DNA 領域を　カ　，それ以外の部分を　キ　という。

転写の際には，　カ　を含めたすべての塩基配列が転写され，　ク　が合成される。次に，　ク　から　カ　に対応する部分が取り除かれ，隣り合う　キ　の部分が結合されて　ケ　（成熟　ケ　）がつくられる。この過程は，　コ　と呼ばれる。

　コ　の際，取り除かれる部位が変化することによって，ある遺伝子の転写によってつくられた 1 種類の　ク　から 2 種以上の　ケ　が合成されることがある。このような現象は，　サ　と呼ばれる。

[語群]　アンチコドン　　　　RNA ポリメラーゼ　　　　コドン
　　　　DNA ポリメラーゼ　　エキソン　　　　　　　　スプライシング
　　　　mRNA 前駆体　　　　　センス鎖　　　　　　　　イントロン
　　　　アミノ酸　　　　　　　mRNA　　　　　　　　　　アンチセンス鎖
　　　　相補的　　　　　　　　選択的スプライシング

〈松本歯大〉

75 遺伝子の発現②

　遺伝子の発現に関する下の模式図について，以下の問いに答えよ。ただし，A〜Cは核酸，またはアミノ酸が直鎖状に連なった分子であり，Dは核酸を成分として含む構造である。また，遺伝子の発現に関わるすべての分子が描かれているとは限らない。

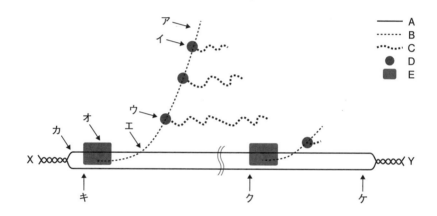

問1　図のA〜Cにあてはまるものとして最も適切なものを，次からそれぞれ1つずつ選べ。
　① アミノ酸　　　② タンパク質(ポリペプチド)　　　③ プライマー
　④ DNA　　　⑤ mRNA　　　⑥ rRNA　　　⑦ tRNA

問2　図のAからB，BからCが合成される過程を表す言葉として，最も適切なものを次からそれぞれ1つずつ選べ。
　① スプライシング　　　② 転写　　　③ 複製　　　④ 翻訳

問3　図のD，Eにあてはまるものとして最も適切なものを，次からそれぞれ1つずつ選べ。
　① 小胞体　　　② 制限酵素　　　③ ヒストン
　④ リボソーム　　　⑤ DNA ポリメラーゼ　　　⑥ RNA ポリメラーゼ

問4　図のア〜ケのうち，図のDが最初にBに結合する部位として最も適切な部位を1つ選べ。

問 5　図のＥの動きに関する記述のうち，最も適切なものを次から 1 つ選べ。
① 　その場に留まりながらＢを合成する。
② 　その場に留まりながらＢを分解する。
③ 　図のアとエの間を往復する。
④ 　図のエからアに向かって移動する。
⑤ 　図のＤがＢに結合することで動き始める。
⑥ 　図のＤがＢから解離することで動き始める。
⑦ 　図のＸからＹの方向に移動する。
⑧ 　図のＹからＸの方向に移動する。

問 6　tRNA が結合する部位として，最も適切なものを次から 1 つ選べ。
① 　ア　　② 　ウ　　③ 　オ　　④ 　カ　　⑤ 　キ　　⑥ 　ク　　⑦ 　ケ

問 7　次の生物のうち，遺伝子が発現する際に細胞内で図のような状態が観察されると
考えられるものをすべて選べ。
① 　ニワトリ　　　② 　大腸菌　　　③ 　オオムギ
④ 　ウニ　　　　　⑤ 　酵母　　　　⑥ 　ミドリムシ

〈東京農業大〉

13 | 遺伝子の発現調節と発生

76 原核生物の遺伝子発現調節

原核生物の転写調節について述べた次の文および図の空欄に入る最も適切な語を，下の[語群]から1つずつ選び，記号で答えよ。

原核生物では，遺伝子の発現を調節するしくみは比較的単純である。転写，すなわちRNA合成は，酵素であるRNAポリメラーゼが，DNA上の ア と呼ばれる領域に結合することで開始する。調節遺伝子の産物である イ と呼ばれるタンパク質は，DNA上の ウ と呼ばれる領域に結合する。 イ が ウ に結合すると，RNAポリメラーゼは ア に結合することができず，転写が抑制される。原核生物では複数の遺伝子群が1つの ウ によりまとめて転写するかしないかの調節を受けており，まとめて調節を受ける遺伝子群を エ という。同一の エ に属する遺伝子群は，機能的に関連性の高いものが多い。

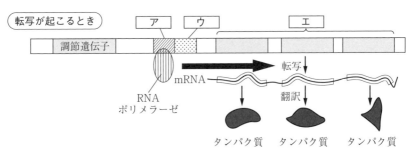

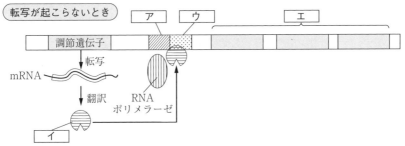

[語群]
① イントロン
② エキソン
③ オペレーター
④ オペロン
⑤ ゲノム
⑥ スプライシング
⑦ プロモーター
⑧ リプレッサー

真核生物の DNA は ア タンパク質に巻き付いて イ という構造をとっている。さらに イ が折りたたまれて ウ 繊維という構造をとっている。このような状態では aRNA ポリメラーゼが DNA に結合できず，転写されることはない。したがって，転写される領域では ウ 繊維の高次構造がゆるんでいる必要がある。

真核生物の転写では，プロモーター領域に RNA ポリメラーゼだけでなく エ というタンパク質が結合し，複合体を形成することが必要である。転写調節領域はプロモーターや遺伝子から離れた位置にあり，この領域に オ が結合し作用することで転写が調節されている。

遺伝子の発現調節は転写の段階で行われることが多いが，転写後に調節される場合もある。その一例が b翻訳されない低分子 RNA である。そのような RNA の中にはタンパク質と結合することで，相補的な配列をもつ mRNA に結合して分解したり，翻訳が抑制されたりすることが知られている。これを RNA カ という。

問1 文中の ア ～ オ に入る最も適当な語句を，次から1つずつ選べ。

① 基本転写因子　　② 調節タンパク質　　③ DNA ヘリカーゼ

④ オペレーター　　⑤ クロマチン　　　⑥ ヌクレオソーム

⑦ ヌクレオチド　　⑧ ヒストン　　　　⑨ ヒスチジン

問2 下線部 a の RNA ポリメラーゼに関する記述として最も適当なものはどれか。次から1つ選べ。

① 遺伝子のエキソン領域だけを鋳型として用いるので，イントロン領域が転写されることはない。

② 合成をはじめる際には，プライマーと呼ばれる短い DNA 断片が必要である。

③ DNA ポリメラーゼと違い，ヌクレオチド鎖の5′方向にも3′方向にも合成することができる。

④ アデノシン三リン酸を基質として利用することができる。

問3 下線部 b のように翻訳されない RNA も存在する。転移 RNA（運搬 RNA，tRNA）とリボソーム RNA（rRNA）がそれぞれ翻訳されるかどうかに関する記述として最も適当なものはどれか。次から1つ選べ。

① 転移 RNA とリボソーム RNA の両方とも翻訳される。

② 転移 RNA は翻訳されるが，リボソーム RNA は翻訳されない。

③ 転移 RNA は翻訳されないが，リボソーム RNA は翻訳される。

④ 転移 RNA とリボソーム RNA の両方とも翻訳されない。

問4 文中の カ に入る最も適当な語句を，次から1つ選べ。

① 干渉　　② 抑制　　③ 阻害　　④ 寛容

〈玉川大〉

78 動物の精子形成

ほとんどの動物では性が分化しており，雄の個体と雌の個体とがある。雄は精巣内で精子をつくる。精子をつくるもとになるおおもとの細胞は ア （核相:2n）と呼ばれ，分化して イ となる。 イ は精巣で ウ を繰り返し，そのうちのあるものは成長して エ となる。このときの核相は オ である。1個の エ は カ の第一分裂，第二分裂を行って キ 個の ク となる。このときの核相は ケ である。 ク はその後，形を変えて精子となる。精子は頭部，中片，尾部からなる。頭部には核と， ク のゴルジ体のはたらきでつくられた コ が含まれる。中片には サ とミトコンドリアが含まれ， サ から伸びた シ が尾部の中を通っている。

問 動物の配偶子形成について，次の文中の空欄にあてはまる語句を，それぞれの解答群から1つずつ選べ。

ア ， イ ， エ ， ク の解答群

① 一次精母細胞　② 二次精母細胞　③ 精原細胞　④ 精細胞
⑤ 始原生殖細胞　⑥ 雄原細胞

ウ ， カ の解答群

⑦ 減数分裂　⑧ 体細胞分裂

オ ， ケ の解答群

⑨ n　⑩ $2n$　⑪ $3n$　⑫ $4n$　⑬ $5n$　⑭ $6n$

キ の解答群

⑮ 1　⑯ 2　⑰ 3　⑱ 4　⑲ 5　⑳ 6

コ ～ シ の解答群

㉑ 先体　㉒ 中心体　㉓ 微小管　㉔ リソソーム　㉕ 紡錘糸

〈大阪電気通信大〉

79 動物の卵形成

動物の卵をつくるおおもとの細胞は，精子形成と同じく始原生殖細胞である。始原生殖細胞は発生の初期から存在し， ア に移動して イ へ分化する。 イ は体細胞分裂を繰り返して増殖し，一部は減数分裂を行う ウ へ分化する。 ウ は減数第一分裂によって大きな エ と，小さな オ とに分かれる。 エ は第二分裂を行い，大きな卵と小さな カ とに分かれる。 オ や カ を生じた部域は キ 極，その反対側は ク 極と呼ばれる。

問1 文中の空欄にあてはまる最も適切な語を，次から1つずつ選べ。

① 一次卵母細胞　② 植物　③ 子宮　④ 第一極体
⑤ 第二極体　⑥ 端黄卵　⑦ 等黄卵　⑧ 動物
⑨ 二次卵母細胞　⑩ 胚のう細胞　⑪ 卵原細胞　⑫ 卵巣

問2 イ ， ウ ， エ ， オ ， カ の核相として最も適切なものを，次からそれぞれ1つずつ選べ。

① n　② $2n$　③ $3n$　④ $4n$

80 ウニの受精

次の図は，ウニの受精過程を模式的に示したものである。矢印は時間の経過を示す。

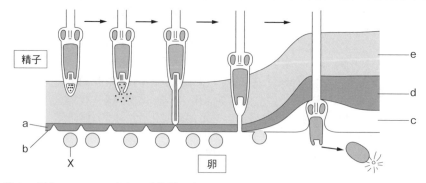

問1 図中のa～eのうち，受精膜はどれか。正しいものを，次から1つ選べ。
① a　　② b　　③ c　　④ d　　⑤ e

問2 受精膜は何と呼ばれる構造が変化したものか。正しいものを，次から1つ選べ。
① 細胞膜　　② ゼリー層　　③ 先体　　④ 卵黄膜(卵膜)

問3 受精膜の役割を説明する記述として最も適当なものを，次から1つ選べ。
① 精子を卵へ誘引する。
② 精子が卵に進入するのを容易にする。
③ 他の精子が卵に進入するのを妨げる。
④ 表層粒を形成する。
⑤ 膜電位を一定に保つ。

問4 図中の構造Xの内容物の放出過程と類似した現象として最も適当なものを，次から1つ選べ。
① 神経伝達物質の放出
② 白血球による異物の取り込み
③ 植物細胞を高張液に浸したときにみられる原形質分離
④ 赤血球でのナトリウムイオンの細胞外への移動

81 ウニの発生

ウニの発生を示す次の図を参考にして，問いに答えよ。

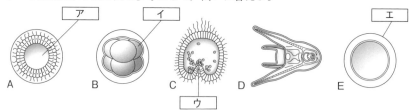

問1 A図～E図を発生の順に正しく並びかえよ。

問2 A図，C図およびD図は，それぞれ何と呼ばれる発生段階か答えよ。

問3 図の ア ～ エ の部位はそれぞれ何と呼ばれるか。次から1つずつ選べ。

① 細胞膜　　　② 神経管　　　③ 脊索　　　④ 胞胚腔

⑤ 受精膜　　　⑥ 原腸　　　⑦ 割球

問4 C図になると，その前の発生時期に比べてどのような構造の変化が起こるか。次からあてはまるものをすべて選べ。

① 神経管が形成される。

② 外胚葉，内胚葉および中胚葉の分化が起こる。

③ 特定の細胞群が内部に向かって陥入する。

④ 原口から口と肛門が形成され，消化管が完成する。　　　〈九州産業大〉

---

82 カエルの発生

カエルの発生に関する次の文を読み，空欄に入る最も適当な語句を答えよ。

カエルの卵は，受精後まもなく，精子が進入した場所と反対側の卵表面に ア と呼ばれる色調の変わった部分が現れる。受精後から始まる細胞分裂を卵割といい，それによって生じる細胞を イ という。カエルの場合，最初の2回の卵割では， イ の大きさがほぼ等しい ウ が起こるが，それ以降は エ が起こる。

卵割が進み細胞数が増えると，胚はクワの実のようにみえる オ と呼ばれるようになり，胚の内部に カ という空所が生じる。さらに卵割が進むと キ 期になるが， カ は，卵黄の量が ク い動物極で大きく発達し ケ となる。

キ 期を過ぎて コ 期になると，赤道面より少し サ 極に寄った部分で陥入が始まる。陥入が起こる部分を シ といい，陥入によって生じた空所を ス という。この時期，胚葉と呼ばれる3種類の細胞群が生じ，このうち セ 胚葉からは脊つい骨や腎臓が， ソ 胚葉からは脊髄や脳が，そして， タ 胚葉からは消化管の上皮などが将来分化する。

次の チ 期になると，平たく厚みを増した胚の背側が変形して管状の ツ が形成される。さらに発生が進むと，前後方向に胚が伸びた テ となり，やがて，独立生活を営む ト と呼ばれる幼生となる。　　　〈水産大学校〉

---

83 誘導

イモリの初期原腸胚の ア のように，胚のほかの領域に作用し分化を引き起こす胚の特定領域を イ といい，このような現象を ウ という。

ウ は，眼の形成においてよく研究されている。この過程では，最初，植物極側細胞（予定内胚葉）が動物極側細胞（予定外胚葉）に作用し，それを別の組織に分化させ，その分化した部位が イ として外胚葉から神経管を分化させる。次に神経管の一部に生じた眼杯は，表皮（外胚葉）に作用し エ を形成させ，さらに エ が表皮（外胚葉）に作用することで オ が形成される。このように胚の各部位がつぎつぎと分化していくことを カ という。

問1 文中の空欄に最も適する語句を記せ。

問2 文中の下線に示した現象を何というか記せ。　　　〈名城大〉

　卵が形成される過程で蓄積され，発生過程の初期において重要な役割を果たすmRNAの一群があり，それらの遺伝子を　A　効果遺伝子という。例えば，ショウジョウバエ胚の前後軸の決定に関与するものとして，未受精卵の前端部には　ア　遺伝子のmRNA，後端部には　イ　遺伝子のmRNAが局在している。ₐ受精後，それぞれのmRNAから翻訳されたタンパク質（　A　因子）が胚中で濃度勾配を形成し，これが相対的な位置情報となって胚の前後軸が形成される。次に，この前後軸に沿って，体節をかたちづくる　ウ　遺伝子群が順にはたらく。まずは，　A　因子の影響を受けた特定のギャップ遺伝子が前後軸に沿って領域特異的に発現し，胚が大まかな領域に分かれる。続いて，ペアルール遺伝子が発現し7つの帯状のパターンがつくられる。さらに，セグメントポラリティ遺伝子が14の領域に帯状に発現し，体節の位置をほぼ決定する。♭体節が形成されたのち，　エ　遺伝子がはたらくことで，それぞれの体節から触角，肢，翅などの特有の器官が形成される。このようにさまざまな調節遺伝子から発現する調節タンパク質が段階的に別の調節遺伝子の発現を制御するようにはたらくことで，ショウジョウバエのからだの構造が決定される。

問1　文中の　A　に入る最も適切な語句を答えよ。

問2　文中の　ア　～　エ　に入る最も適切な語句を，次から1つずつ選べ。

① コーディン　　② 腎節　　③ 側板　　④ ディシェベルド
⑤ ナノス　　　⑥ ノギン　　⑦ ノーダル　　⑧ ビコイド
⑨ 分節　　　　⑩ ホメオティック

問3　下線部aについて，　A　因子の濃度勾配は，　A　因子が胚中を拡散することによって形成される。発生初期のショウジョウバエ胚中で　A　因子が拡散できる理由を簡潔に述べよ。

問4　下線部bについて，ショウジョウバエの　エ　遺伝子と同じようなはたらきをもつ遺伝子がマウスやヒトでも存在する。このような形態形成に関わる他の動物にも共通した遺伝子群のことを何というか答えよ。

〈大阪医科薬科大〉

14 バイオテクノロジー

85 遺伝子組換え

特定の遺伝子を ア で切断し，別の生物の遺伝子の中に イ を用いて組み込んで，遺伝子の新しい組合せをつくることを遺伝子組換えという。大腸菌には大腸菌DNAとは別の ウ という小さな環状DNAがあり，遺伝子を組み込んで運ぶために用いられている。このように，遺伝子を運搬するものを エ という。

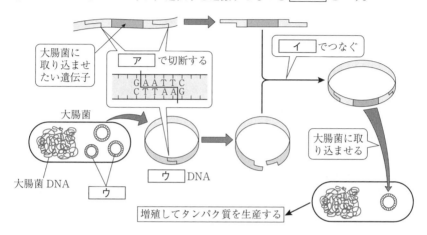

大腸菌に取り込ませたい遺伝子

ア で切断する

G A A T T C
C T T A A G

大腸菌

大腸菌DNA

ウ

ウ DNA

イ でつなぐ

大腸菌に取り込ませる

増殖してタンパク質を生産する

問　文中および図中の空欄に入る最も適切な語を，次からそれぞれ1つずつ選べ。
① DNAポリメラーゼ
② 脱水素酵素
③ ベクター
④ DNAリガーゼ
⑤ オペレーター
⑥ 制限酵素
⑦ プライマー
⑧ プラスミド
⑨ ゲノム

86 PCR法と電気泳動

PCR法では3段階の反応を1サイクルとして，そのサイクルを繰り返すことにより目的とする特定のDNA鎖を何十万倍にも増幅させることができる。PCR法について，以下の問いに答えよ。

問1　PCR法の(1)1段階目，(2)2段階目，(3)3段階目のそれぞれの反応についての記述として，最も適切なものを次から1つずつ選べ。
① 鋳型のDNA鎖と相補的な塩基配列をもつプライマーを結合させる。
② DNAポリメラーゼによるヌクレオチド鎖の伸長を行う。
③ 2本鎖DNAを1本鎖に分離する。

問2　1段階目〜3段階目のそれぞれの反応温度が左から順に並んでいる組合せとして最も適切なものを，次から1つ選べ。
① 60℃→70℃→95℃
② 60℃→95℃→70℃
③ 70℃→60℃→95℃
④ 70℃→95℃→60℃
⑤ 95℃→60℃→70℃
⑥ 95℃→70℃→60℃

問3 PCR法に用いるDNAポリメラーゼの特徴の説明として最も適当なものを，次から1つ選べ。

① DNAの特定の塩基配列を認識し，切断する酵素である。

② 高い圧力にも耐えられる酵素である。

③ 5′→3′方向，3′→5′方向いずれにもDNAを伸長させられる酵素である。

④ 100℃近い熱にも耐えられる酵素である。

問4 下図1の二本鎖DNAを鋳型とし，四角で囲った領域に対応するプライマーを合成して，PCR法によるこの二本鎖DNAの増幅を行いたい。必要なプライマーを下の①～⑥から2つ選べ。

$$5′-\boxed{\text{TGACATT}}\text{CCGGTTATATCGTGGC}\boxed{\text{CATTTGC}}-3′$$
$$3′-\boxed{\text{ACTGTAA}}\text{GGCCAATATAGCACCG}\boxed{\text{GTAAACG}}-5′$$

図1 二本鎖DNAの塩基配列

① 5′-TGACATT-3′　　② 5′-CATTTGC-3′　　③ 5′-ACTGTAA-3′

④ 5′-GTAAACG-3′　　⑤ 5′-CGTTTAC-3′　　⑥ 5′-GCAAATG-3′

問5 アガロース（寒天の主成分）でできたゲルを用いたDNAの電気泳動実験に関する記述として，正しいものを次から2つ選べ。

① 長さが既知のDNAを並行して同時に泳動することで，目的のDNA断片の長さを推定できる。

② DNA断片は電極のマイナス極に向かって移動する。

③ アガロースゲルは細かな網目の構造をもつ。

④ 長さが長いDNA断片ほど，移動速度が大きい。　　　　　　　　　〈北里大，摂南大〉

87 細胞の分化能

骨髄や ┃ ア ┃ などの組織には，分化する能力を保ちながら増殖する少数の細胞がある。このような細胞を ┃ イ ┃ と呼ぶ。この細胞は条件によってさまざまな細胞に分化する。一方，ヒトや哺乳類初期胚の内部細胞塊からつくられた，さまざまな細胞に分化する能力を保ちながら増殖する培養細胞は， ┃ ウ ┃ と呼ばれる。 ┃ ウ ┃ を得るには ┃ エ ┃ を破壊して細胞を取り出す必要があり，倫理面での問題が大きい。そこで，皮膚細胞などに何種類かの遺伝子を導入することにより，さまざまな細胞に分化する能力を保ちながら増殖する培養細胞がつくられ，これを ┃ オ ┃ という。臓器移植の際には拒絶反応が問題となるが， ┃ オ ┃ は自身のからだから得るため，倫理上の問題も少なく拒絶反応も生じないことが期待できる。

問 文中の空欄にあてはまる語句を，それぞれの解答群から1つずつ選べ。

┃ ア ┃ の解答群

① すい臓　　② じん臓　　③ 肺　　④ 小腸　　⑤ 肝臓

┃ イ ┃ ～ ┃ オ ┃ の解答群

⑥ 人工多能性幹細胞　　⑦ 抗体産生細胞　　⑧ 胚性幹細胞

⑨ 組織幹細胞　　⑩ 胚　　⑪ 未受精卵　　　　　　　　　〈大阪電気通信大〉

第7章

生物の環境応答

15 | 動物の反応と行動

88 ニューロン

　ニューロン(神経細胞)は，核をもつ ア とそこから伸びる多数の突起で構成されている。多数の短い突起を イ ，1本の長く伸びた突起を ウ という。 ウ にシュワン細胞が何重にも巻き付いて エ を形成した オ 神経繊維と エ のない カ 神経繊維がある。 エ は電気を通さないため， オ 神経繊維では キ から キ へと飛び飛びに興奮が伝わる ク が起きる。

問　文中の空欄に入る最も適当な語句を，次からそれぞれ1つずつ選べ。

① 閾値　　　　② 細胞体　　　　③ 軸索　　　　④ シナプス
⑤ 樹状突起　　⑥ 受容体　　　　⑦ 髄鞘　　　　⑧ 跳躍伝導
⑨ 無髄　　　　⑩ ランビエ絞輪　⑪ 有髄

〈金城学院大〉

89 静止電位と活動電位

　無刺激の状態の神経細胞は，細胞膜を隔てて内側が ア に，外側が イ に荷電している。膜外を基準(0mV)とすると，多くの場合膜内の電位は約 ウ 程度になっており，この電位のことを エ という。興奮の伝達により神経細胞が刺激を受けると，イオンチャネルが開口し細胞内に オ が急速に流入し，膜内の電位は約 カ 程度に変化する。その結果，局所の電流回路が発生する。この電流回路が神経細胞における"興奮の伝導"のしくみである。"興奮の伝導"が行われた後は，直ちに細胞内の キ が流出し，細胞膜内の電位は再び無刺激の状態に戻る。この一連の電位の変化を ク と呼んでいる。

問　文中の空欄に入る最も適切な語句を，次からそれぞれ1つずつ選べ。ただし，同じ番号を何回用いてもよい。

① 活動電位　　② Na^+　　　③ K^+　　　　④ プラス(正)
⑤ マイナス(負)　⑥ 静止電位　⑦ +30mV　⑧ +30V
⑨ -70mV　　　⑩ -70V

〈奥羽大〉

90 興奮の伝達

　ニューロンの軸索の末端は隙間を隔てて他のニューロンや効果器と連絡しており，この部分を ア と呼ぶ。活動電位が軸索末端に到達すると電位依存性の ☐ チャネルが開き， ☐ が軸索内に流入する。 ☐ は神経伝達物質を含む イ と細胞膜とを融合させ，神経伝達物質を細胞外へと放出させる。

　神経伝達物質を受容した隣の細胞では，伝達物質が興奮性の場合には ウ チャネルが開き， ウ が細胞内に流入する。伝達物質が抑制性の場合には エ チャネルが開き， エ が細胞内に流入する。

問1 文中の空欄 ア ～ エ にあてはまる最も適当な語句を，次から１つずつ選べ。

① シナプス ② シナプス小胞 ③ 神経鞘 ④ 髄鞘

⑤ K⁺ ⑥ Na⁺ ⑦ Cl⁻ ⑧ e⁻

問2 文中の空欄 □ は，次の特徴をもつ物質である。この物質として正しいものを，下の①～④から１つ選べ。

〔特徴〕・筋収縮の際，筋小胞体から放出される。

　　　・骨や歯の成分となる。

　　　・パラトルモンは，体液中のこの物質の濃度を上昇させるホルモンである。

① H^+ ② Mg^{2+} ③ Fe^{2+} ④ Ca^{2+}

問3 下線部の神経伝達物質としてあてはまらないものはどれか。また，運動神経の末端の筋肉と接する ア で放出される神経伝達物質はどれか。下の①～⑦から最も適切なものをそれぞれ１つずつ選べ。

(1) あてはまらない物質

(2) 運動神経の末端から放出される物質

① アセチルコリン ② γ－アミノ酪酸 ③ グリシン

④ グルタミン酸 ⑤ セロトニン ⑥ ノルアドレナリン

⑦ 乳酸

---

91 眼

眼のつくりとそのしくみについて，次の問いに答えよ。

問1 視神経繊維が束になって眼球から出ていく部分では，視神経が網膜を貫いているため視細胞が分布しない。この部分は光が当たっても受容されず，ここに結ばれる像は見えない。この部分を盲斑という。図の ア ～ ケ から盲斑を１つ選べ。

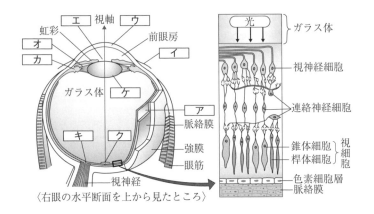

〈右眼の水平断面を上から見たところ〉

問2　遠近調節のしくみについて，次の問いに答えよ。

(1)　近くのものを見るときのしくみを下の①〜⑧から選び，早いものから順に並べよ。

$\boxed{} \rightarrow \boxed{} \rightarrow \boxed{} \rightarrow \boxed{}$

(2)　遠くのものを見るときのしくみを下の①〜⑧から選び，早いものから順に並べよ。

$\boxed{} \rightarrow \boxed{} \rightarrow \boxed{} \rightarrow \boxed{}$

①　毛様筋が収縮する　　　②　毛様筋が弛緩する
③　チン小帯が引かれる　　④　チン小帯がゆるむ
⑤　水晶体の厚さが増す　　⑥　水晶体が薄くなる
⑦　焦点距離が短くなる　　⑧　焦点距離が長くなる　　〈奥羽大〉

92 耳

　ヒトの耳は，外耳，中耳，内耳の３つの部分からなる聴覚器で，外耳に入ってきた音波は $\boxed{ア}$ を振動させる。$\boxed{ア}$ の振動は，中耳にある３つの $\boxed{イ}$ によって増幅され，内耳の $\boxed{ウ}$ に伝えられる。また，中耳は $\boxed{エ}$ によって $\boxed{オ}$ に通じているために，中耳の空気の圧力は外気と等しくなり，$\boxed{ア}$ は自由に振動することができる。内耳の $\boxed{ウ}$ は外が硬い骨でおおわれ，内部は $\boxed{カ}$ で満たされている。$\boxed{イ}$ の振動は，この $\boxed{カ}$ に伝えられ，$\boxed{キ}$ の $\boxed{ク}$ を上下に振動させる。この振動は $\boxed{ク}$ の上にある $\boxed{ケ}$ の $\boxed{コ}$ の感覚毛を刺激し，振動に応じた興奮を生じさせる。$\boxed{ウ}$ を伝わる振動は，振動数が低い音ほど，$\boxed{ウ}$ の奥の方の $\boxed{ク}$ を振動させ，高い音ほど基部に近い $\boxed{ク}$ を振動させるため，音の高さによってどの位置の $\boxed{コ}$ が興奮するかも異なる。この興奮が $\boxed{サ}$ によって大脳の聴覚中枢に伝わると，聴覚が生じる。

　内耳には，$\boxed{ウ}$ のほかに $\boxed{シ}$ と $\boxed{ス}$ と呼ばれる平衡感覚器がある。$\boxed{シ}$ では炭酸カルシウムでできた平衡石が感覚毛を通して感覚細胞を刺激するので，重力の方向と変化を感じとることができる。また $\boxed{ス}$ では，その中の $\boxed{カ}$ がからだの回転によって流れ，感覚細胞を刺激し，その結果，回転運動の方向と速さを感知することができる。

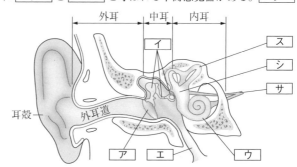

問　文中および図中の空欄にあてはまる語句を，次からそれぞれ１つずつ選べ。

①　前庭　　　②　基底膜　　　③　耳小骨　　　④　うずまき細管
⑤　咽頭　　　⑥　半規管　　　⑦　耳管(エウスタキオ管)
⑧　聴神経　　⑨　聴細胞　　　⑩　鼓膜　　　⑪　うずまき管
⑫　コルチ器　⑬　リンパ液　　　　　　　　　　　　〈九州産業大〉

93 大脳のはたらき

ヒトの大脳には，a視覚・聴覚・皮膚などの受容器の情報を処理する領域や，b体の各部分の随意運動を制御する領域，c記憶・思考・認知などの高度な精神活動に関与する領域などが存在する。

問 文中の下線部a〜cの領域の名称として最も適当なものを，次から1つずつ選べ。

① 運動野 　　② 感覚野 　　③ 脳幹 　　④ 辺縁皮質 　　⑤ 連合野

〈岡山理科大〉

94 筋肉の構造

骨格筋は，筋繊維と呼ばれる筋細胞からなり，その細胞質には多数の筋原繊維が存在する。この筋原繊維を顕微鏡で見ると，明帯と暗帯が観察される。

骨格筋は運動神経により制御されており，運動神経の末端と筋細胞とがつくる ア において， イ からアセチルコリンが分泌される。 ウ の細胞膜にはアセチルコリン受容体があり，これにアセチルコリ

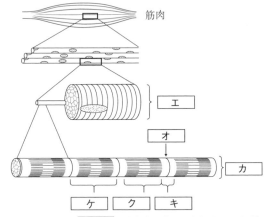

ンが結合すると ウ に活動電位が発生する。 ウ に活動電位が発生すると細胞全体に伝わり，それが引き金となって筋細胞の収縮が起こる。

問1 文中の空欄にあてはまる語句の組合せとして最も適切なものを，右から1つ選べ。

	ア	イ	ウ
①	ニューロン	筋細胞	運動神経
②	ニューロン	運動神経	筋細胞
③	シナプス	筋細胞	運動神経
④	シナプス	運動神経	筋細胞

問2 骨格筋の構造を示した上の模式図について エ 〜 ケ にあてはまる名称を，次からそれぞれ1つずつ選べ。

① 筋原繊維 　　② 筋繊維 　　③ 明帯 　　④ 暗帯 　　⑤ Z膜
⑥ サルコメア（筋節）

〈神戸学院大〉

95 筋収縮のしくみ

骨格筋の筋繊維は ア の細胞で，その中には筋原繊維がつまっている。筋原繊維には明暗の規則的なしま模様が見られる。 イ の中央にはZ膜と呼ばれる仕切りがあり，Z膜とZ膜との間をサルコメアという。筋原繊維は2種類のフィラメントが重なりあった構造をしており，その太い方を ウ という。

筋収縮は運動神経によって制御され，運動神経の終末から ［ エ ］ が放出され，筋細胞の興奮を引き起こすことで生じる。筋の弛緩時には2種類のフィラメントは結合できない。しかし，筋収縮時には筋小胞体から ［ オ ］ が放出され，トロポニンというタンパク質に結合することによって，2種類のフィラメントが結合できるようになる。

筋収縮時には ATP のエネルギーを利用して，［ カ ］。したがって，サルコメアの長さは短くなるが，［ キ ］ の長さは変わらない。

問　骨格筋の収縮について，文中の空欄にあてはまる語句を解答群から1つずつ選べ。

［ ア ］の解答群
① 無核　　② 単核　　③ 多核

［ イ ］の解答群
① 暗帯　　② 明帯

［ ウ ］の解答群
① アクチンフィラメント　　② ミオシンフィラメント

［ エ ］の解答群
① アセチルコリン　　② ノルアドレナリン
③ セロトニン　　④ γ-アミノ酪酸

［ オ ］の解答群
① H^+　　② Na^+　　③ K^+　　④ Ca^{2+}　　⑤ Cl^-

［ カ ］の解答群
① アクチンフィラメントが短縮する
② ミオシンフィラメントが短縮する
③ ミオシンフィラメントがアクチンフィラメントを動かす
④ アクチンフィラメントがミオシンフィラメントを動かす

［ キ ］の解答群
① 暗帯　　② 明帯

〈大阪電気通信大〉

96 神経筋標本

神経の興奮と筋肉の収縮について調べるために，カエルのふくらはぎの筋肉に座骨神経をつけたままの神経筋標本を作製し，20℃の室温下で，次の実験を行った。右図に，用いた神経筋標本を模式的に示す。

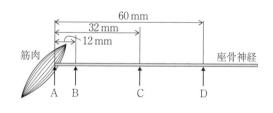

〔実験1〕　筋肉と神経の接合部のA点から12mm離れたB点に単一の電気刺激を加えたところ，3.5ミリ秒後に筋肉が収縮した。

〔実験2〕　A点から32mm離れたC点に単一の電気刺激を加えたところ，4.0ミリ秒後に筋肉が収縮した。

問 1 興奮の伝導速度 (m/秒) を求めよ。

問 2 A点に単一の電気刺激を与えると，筋肉は何ミリ秒後に収縮するか。

問 3 A点から60mm離れた座骨神経のD点に単一の電気刺激を与えると，筋肉は何ミリ秒後に収縮するか。

---

97 動物の行動

　動物の行動の中には，遺伝的なプログラムによって決まっている定型的なものがある。これを ［ ア ］ と呼ぶ。この行動は一定の順序で起こることが多く，これら一連の行動を ［ イ ］ と呼んでいる。個体間の情報をやりとりするコミュニケーションも ［ ア ］ の要素を含んでいる。ミツバチが情報を伝える場合に行う ［ ウ ］ はコミュニケーション手段のひとつであり，餌場が近場にあることを知らせる。一方，餌場が遠い場合は ［ エ ］ を行う。

　動物の行動は ［ ア ］ ばかりでなく，生まれてからの経験によって変化することがあり，このような行動の変化を ［ オ ］ と呼んでいる。パブロフはイヌに肉片を与えると唾液の分泌が起こることを利用し，肉片を見せる直前にいつもベルを鳴らすようにすると，やがてベルの音だけでイヌが唾液を分泌することを発見した。このようにもともと無関係だった刺激が結びつくことを ［ カ ］ という。また，スキナーはレバーを押すと餌が出る装置を用いて動物の行動を分析した。このように自分自身の行動と報酬や罰を結びつけて ［ オ ］ することを ［ キ ］ という。また，大脳の発達したヒトやサルでは，感覚器で得られた情報を過去の似た経験と照らし合わせることで状況を判断し，未経験の問題を解決することができる。これを ［ ク ］ という。

問 文中の空欄に入る最も適当な語句を，次からそれぞれ1つずつ選べ。

① 生得的行動　　　　　② 知能行動　　　　　③ 8の字ダンス

④ 円形ダンス　　　　　⑤ フェロモン　　　　⑥ 学習

⑦ オペラント条件づけ　⑧ 固定的動作パターン　⑨ 古典的条件づけ

⑩ 刷込み

〈群馬医療福祉大〉

16 | 植物の環境応答

98 光受容体

植物の光に対する応答は，光受容体が関与している。植物の光受容体としては，(1) フォトトロピン，(2) フィトクロム，(3) クリプトクロムが知られている。

問1 文中の下線部に関して，(1)〜(3)の光受容体が受容する光を，次から1つずつ選べ。

① 青色光　② 赤色光・遠赤色光

問2 文中の下線部に関して，フィトクロムおよびクリプトクロムのはたらきとして正しい組合せを，次から1つ選べ。

	フィトクロム	クリプトクロム
①	光発芽種子の発芽調節	茎の伸長成長の抑制
②	光発芽種子の発芽調節	気孔の開口
③	茎の伸長成長の抑制	光発芽種子の発芽調節
④	茎の伸長成長の抑制	気孔の開口
⑤	気孔の開口	光発芽種子の発芽調節
⑥	気孔の開口	茎の伸長成長の抑制

〈高崎健康福祉大〉

99 種子の発芽と光

植物の種子は休眠することが知られている。この現象はさまざまな気象条件に加えて，　ア　が発芽を抑制しているためと考えられている。種子は発育に適した環境が整うと，休眠から目覚めて発芽する。　イ　やシロイヌナズナなどは発芽に光を必要とするため，光発芽種子と呼ばれ，波長660nmほどの　ウ　が当たると発芽が促進される。

問 文中の空欄にあてはまる語句を，それぞれの解答群から1つずつ選べ。

　ア　の解答群

① アブシシン酸　② エチレン　③ オーキシン　④ ジベレリン

　イ　の解答群

① カボチャ　② キュウリ　③ スイカ　④ メロン　⑤ レタス

　ウ　の解答群

① 遠赤色光　② 紫外線　③ 青色光　④ 赤外線　⑤ 赤色光

〈神戸女大〉

100 ホルモンによる発芽調節

コムギの種子の発芽のしくみは次のように考えられている。胚から分泌されたジベレリンが胚乳の周囲の　ア　にはたらきかけて　イ　の合成を促進するため，　イ　によって胚乳に含まれる　ウ　が分解されて　エ　が生産される。　エ　は胚に吸収されるため，胚の吸水や呼吸が活発になり発芽にいたる，というものである。

問 文中の空欄にあてはまる語句を，それぞれの解答群から1つずつ選べ。

ア ・ イ の解答群
① アミラーゼ　　② 茎　　③ 糊粉層
④ 種皮　　⑤ マルターゼ　　⑥ リパーゼ

ウ ・ エ の解答群
① アルギニン　　② オルニチン　　③ グリコーゲン
④ グルタミン酸　　⑤ 糖　　⑥ デンプン

〈神戸女大〉

101 屈性と傾性

　刺激を与えられた際に，植物が示す屈曲運動のうち，刺激方向と屈曲方向とに関連性がある場合，この性質を　ア　という。刺激の方向に向かって曲がる場合を　イ　の，反対の方向に曲がる場合を　ウ　の　ア　という。例えばキュウリの巻きひげは　エ　刺激による　オ　の　ア　で支柱に巻き付く。

　刺激の方向とは無関係に植物が屈曲する性質を　カ　という。例えばチューリップやクロッカスは　キ　の，タンポポやスイレンは　ク　の変化により花弁が開閉するが，これらは花弁の　ケ　によって生じている。また，オジギソウは接触刺激で葉が折り畳まれるが，これは　コ　によって生じる。

問　文中の空欄にあてはまる語句を，それぞれの解答群から1つずつ選べ。

ア ・ カ の解答群
① 傾性　　② 屈性　　③ 光周性

イ ・ ウ ・ オ の解答群
① 正（＋）　　② 負（－）

エ ・ キ ・ ク の解答群
① 重力　　② 光　　③ 接触　　④ 温度　　⑤ 水分

ケ ・ コ の解答群
① 膨圧運動　　② 成長運動

〈大阪電気通信大〉

102 光屈性

　下の図のように，暗室中で育てたマカラスムギの幼葉鞘a〜dを用意し，b〜dの先端には図のように雲母片を差し込んだ。その後，数時間，左側から光を照射した。

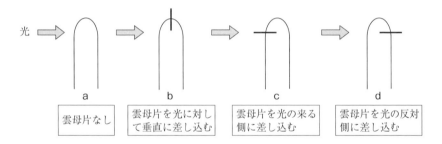

光　　a　雲母片なし　　b　雲母片を光に対して垂直に差し込む　　c　雲母片を光の来る側に差し込む　　d　雲母片を光の反対側に差し込む

問1 実験a～dの観察結果として最も適当なものを，次からそれぞれ1つずつ選べ。

① 左に屈曲しながら成長した。

② 右に屈曲しながら成長した。

③ まっすぐ上方に向かって成長した。

問2 この実験結果に深く関与している植物ホルモンとして最も適当なものを，次から1つ選べ。

① ジベレリン　　　② オーキシン　　　③ アブシシン酸　　　④ エチレン

問3 この植物ホルモンが促進する過程として最も適当なものを，次から1つ選べ。

① 休眠　　　② 頂芽優勢　　　③ 果実成熟　　　④ 落葉

〈東京工芸大〉

103　成長の調節と植物ホルモン

　植物の成長には，縦方向に伸びる伸長成長や，横方向に太くなる肥大成長などがある。成長の調節には複数の植物ホルモンがはたらいており，なかでもオーキシンが重要なはたらきを担っている。オーキシンとは，植物細胞の成長を促進するはたらきのある一群の化学物質の総称である。植物が合成する天然のオーキシンは，　ア　という物質である。植物細胞は　イ　繊維を主成分とする細胞壁をもっている。細胞が大きくなるためには，_a細胞壁の構造をゆるめる必要があり，このはたらきにオーキシンが関与している。また，細胞が大きくなる際に細胞壁の　イ　繊維が_bどのような方向に配列されているかによって，細胞が大きくなる方向が決まる。　ウ　は細胞壁の繊維を横方向に揃えることで，細胞の肥大成長を抑え，茎の伸長成長を促進する。一方，接触刺激などによって合成される　エ　は細胞壁の繊維を縦方向に揃えることで細胞の伸長成長を抑え，茎の肥大成長を促進する。

問1 文中の空欄にあてはまる最も適切な語句を，次からそれぞれ1つずつ選べ。

① セルラーゼ　　　　　② インドール酢酸　　　③ ジベレリン

④ オキサロ酢酸　　　　⑤ エチレン　　　　　　⑥ セルロース

⑦ クリプトクロム　　　⑧ アミラーゼ　　　　　⑨ フィトクロム

問2 下線部aに関するオーキシンが合成されてから細胞が伸長するまでの過程として，最も適切なものを次の①～⑧から4つ選び，適切な順序に並び替えよ。

① 細胞壁を構成する繊維どうしを結びつけている多糖類を繊維から分離する酵素が活性化される。

② 細胞壁を構成する繊維どうしを結びつけている多糖類を繊維から分離する酵素が不活性化される。

③ オーキシンは植物体の基部側から決まった方向に極性移動して，先端側の組織の細胞に作用する。

④ オーキシンは植物体の先端側から決まった方向に極性移動して，基部側の組織の細胞に作用する。

⑤ オーキシンはおもに成長している植物体の基部で合成される。

⑥ オーキシンはおもに成長している植物体の先端部で合成される。

⑦　細胞壁がゆるんだ細胞では，細胞が吸水して伸長する。

⑧　細胞壁がゆるんだ細胞では，細胞が脱水して伸長する。

〈東京薬科大〉

104 重力屈性

　植物の芽ばえを暗所で水平におくと，茎は負の重力屈性を示し，根は正の重力屈性を示す。このように，同じ重力環境におかれた茎と根が異なる応答を示すのは，成長を促進するオーキシンの最適濃度が植物の器官によって異なるからである。

　根において，重力の方向は根の先端にある　ア　によって感知される。根を水平におくと，　ア　の細胞内の　イ　という細胞小器官が，重力方向へ移動する。

問1　文中の空欄にあてはまる最も適切な語句を，次からそれぞれ1つずつ選べ。

①　皮層　　　　②　アミロプラスト　　　③　離層　　　　　④　根冠

⑤　中心柱　　　⑥　プロトプラスト　　　⑦　ミトコンドリア　⑧　ゴルジ体

問2　下図は，茎と根のオーキシンに対する感受性の違いを示したものである。茎と根のオーキシンに対する感受性として最も適切なものを，①～⑥から1つ選べ。

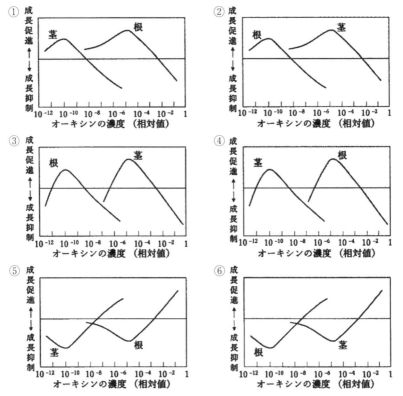

図　茎と根のオーキシンに対する感受性の違い

〈東京薬科大〉

74

105 花芽形成

植物の花芽形成は，光条件の周期的変動によって影響を受ける光周性を示すことが多い。花芽形成する植物は光周性によって，暗期が一定時間以下のときに花芽形成する ［　ア　］，連続した暗期が一定時間以上のときに花芽形成する ［　イ　］，日長に関係なく花芽形成する ［　ウ　］ の3つに大別される。

問1 文中の空欄にそれぞれ適切な語を記せ。

問2 次に示す植物のうち，［　ア　］ と ［　イ　］ に分類されるものを，それぞれすべて選べ。

① ホウレンソウ　　② キク　　③ ダイコン　　④ コムギ
⑤ ダイズ　　⑥ トマト　　⑦ キュウリ　　⑧ コスモス

問3 ［　ア　］ において花芽形成可能な最長の暗期の長さ，および ［　イ　］ において花芽形成に必要な最短の暗期の長さを何と呼ぶか，その名称を答えよ。

〈酪農学園大〉

106 ABC モデル

被子植物の花は，めしべ，おしべ，花弁，がく片の4種類の部分からなる。これらの部分の花の中での配置パターンは基本的には一定しているが，いろいろな植物で，本来，花弁ができるべき場所にがく片ができる，などといった突然変異体が見出されている。

シロイヌナズナの研究により，花の形態分化を決めている遺伝子と，それらによる制御のしくみが明らかとなってきた。花の形態分化に関与する遺伝子には，遺伝子 A，遺伝子 B，遺伝子 C の3つがある。一番外側の領域1は遺伝子 A がはたらき，そこに分化する部分が ［　ア　］ になるように誘導する。その少し内側の領域2では，遺伝子 A と遺伝子 B がいっしょにはたらいて ［　イ　］ の分化を誘導する。さらに内側の領域3では遺伝子 B と遺伝子 C がいっしょにはたらいて，［　ウ　］ の分化を誘導する。そして最も内側の領域4では，遺伝子 C のはたらきにより，［　エ　］ の分化が起き，茎頂分裂組織の活動が終了する。

問1 文中の空欄にはめしべ，おしべ，花弁，がく片のうちのどれが入るか，それぞれ答えよ。

問2 いろいろな突然変異体を調べることにより，遺伝子 A と遺伝子 C は互いにそのはたらきを抑制していることがわかった。例えば，遺伝子 C の機能が欠失すると遺伝子 A が領域3および領域4でもはたらくようになる。遺伝子 A の欠損変異体，遺伝子 B の欠損変異体，遺伝子 C の欠損変異体では，領域1～4の部分はそれぞれ，めしべ，おしべ，花弁，がく片のどれになるか，それぞれ答えよ。

〈県立広島大〉

107 気孔の開閉

気孔の開閉に関する次の文中の空欄に，下の語群から適切な語句をそれぞれ1つずつ選べ。

葉に光が当たると，その情報が ［　ア　］ 受容体である ［　イ　］ によって感知され，気

孔が開き，光合成に必要な ウ が取り込まれる。一方，乾燥状態になると，エ が孔辺細胞に作用して気孔が閉じられ，蒸散が抑えられる。

気孔は孔辺細胞が変形することによって開閉する。気孔が開く場合には，孔辺細胞の中に オ が流入して，細胞内の カ が上昇する。その結果，孔辺細胞の中に キ が流入して ク が生じて孔辺細胞が膨らむ。孔辺細胞の気孔側の ケ は反対側よりも コ なっているため，孔辺細胞が膨らむと気孔が開く。

[語群] ① 厚く　　② アブシシン酸　　③ カリウムイオン　　④ 薄く
　　　　⑤ 細胞壁　　⑥ 細胞膜　　⑦ 酸素　　⑧ 浸透圧
　　　　⑨ 青色光　　⑩ 赤色光　　⑪ 二酸化炭素　　⑫ フィトクロム
　　　　⑬ フォトトロピン　　⑭ 膨圧　　⑮ 水

〈駒澤大〉

---

108 **被子植物の生殖**

　ナズナでは，花粉がめしべの柱頭につくと発芽し，胚珠に向かって花粉管が伸長する。花粉管内では ア が分裂し，精細胞が2個生じる。花粉管が_a_胚のうに達すると精細胞は胚のう内に侵入し，1個の精細胞と卵細胞が合体して，受精卵になる。もう1個の精細胞と中央細胞も合体し，胚乳細胞になる。このような現象は_b_重複受精と呼ばれる。受精卵は細胞分裂を繰り返して，イ と ウ を形成する。

問1 文中の空欄 ア に適する語を，次から1つ選べ。
　① 花粉母細胞　　② 花粉管細胞　　③ 反足細胞
　④ 助細胞　　⑤ 雄原細胞

問2 文中の下線部aに関して，胚のう形成の記述として正しい文を，次から1つ選べ。
　① 胚のう母細胞は体細胞分裂をして，1個の胚のう細胞と3個の小さな細胞になる。
　② 胚のう細胞は3回の核分裂をして，8個の核をもつ胚のうになる。
　③ 胚のうの核のうち，2つの核が卵細胞の核となる。
　④ 胚のうの核のうち，3つの核が助細胞の核となる。
　⑤ 胚のうの核のうち，3つの核が反足細胞となり，その後中央細胞となる。

問3 文中の精細胞および胚乳細胞の核相の正しい組合せを，次から1つ選べ。

	精細胞	胚乳細胞		精細胞	胚乳細胞		精細胞	胚乳細胞
①	n	n	②	n	$2n$	③	n	$3n$
④	$2n$	n	⑤	$2n$	$2n$	⑥	$2n$	$3n$
⑦	$3n$	n	⑧	$3n$	$2n$	⑨	$3n$	$3n$

問4 文中の空欄 イ ， ウ に適する語の正しい組合せを，次から1つ選べ。

	イ	ウ		イ	ウ		イ	ウ
①	胚	胚柄	②	胚	珠皮	③	胚	種皮
④	胚柄	珠皮	⑤	胚柄	種皮	⑥	珠皮	種皮

問5 文中の下線部bに関して，重複受精を行わない植物を，次から1つ選べ。
　① クリ　　② カキ　　③ トウモロコシ　　④ イチョウ
　⑤ エンドウ

〈高崎健康福祉大〉

第8章

生態と環境

17 生物群集と生態系

109 個体群

ある一定の空間で生活する ア の生物の集団は個体群と呼ばれる。 イ とは，時間経過にともなう個体群における個体数の増加のようすを表すグラフである。ある生物が生活する単位空間あたりの個体数を個体群密度という。ある大きさの容器の中に一定量の培地を入れてゾウリムシを育てた。その際， イ を表すと，a個体群密度ははじめは急速な増加を示した。しかしその後，増加速度が低下し，やがてある一定値に落ち着いた。この一定値を ウ という。以上の観察結果は，b個体群密度の変化にともない個体の生育，あるいは生理的・形態的性質が変化する現象を示す１つの例であり，このような現象は エ と呼ばれる。

問1 文中の空欄にあてはまる最も適当な語句を，次からそれぞれ１つずつ選べ。

① 密度効果 ② 環境収容力 ③ 生存曲線 ④ 異種
⑤ 成長曲線 ⑥ 競争的阻害 ⑦ 閾値 ⑧ 同種

問2 下線部aについて，個体群密度は際限なく増加するのではなく，最終的には一定の値に落ち着く。その原因として適切でないものを，次から１つ選べ。

① 食物が不足する ② 生活空間が不足する ③ 出生率が増加する
④ 排出物が蓄積する ⑤ 死亡率が増加する

問3 下線部bについて，この現象を示す例として最も適切なものを，次から２つ選べ。

① ワタリバッタは，幼虫時の個体群密度が低いと，成虫時には短い後肢をもち，単独生活をする。

② ワタリバッタは，幼虫時の個体群密度が高いと，成虫時には長い前翅をもち，群れて生活をする。

③ ゾウリムシとヒメゾウリムシをある容器内で一緒に育て始めたところ，両者とも個体数が増加していったが，途中，ゾウリムシの個体数のみ増加が止まったのちに減少し始めた。

④ ある一定の面積の土地で個体群密度を変えてダイズをまいたところ，その密度に関係なく，単位面積あたりのダイズ収穫量は収穫時にほぼ一定となった。

〈東京薬大，国士舘大〉

110 個体群の変動と生命表

生物における個体群の変動について，次の問いに答えよ。

問1 右に，ある仮想動物の生命表を示した。空欄に最も適切な数値を答えよ。

年齢	はじめの生存数	期間内の死亡数	期間内の死亡率(%)
0	1000	ア	イ
1	400	ウ	40.0
2	エ	オ	カ
3	60	60	キ

問2 生物の個体数の変化を表す次ページのようなグラフは何と呼ばれるか。

問3　次の文は，グラフで表されたА型～С型の特徴を説明したものである。それぞれ
　　の文に最も適したグラフの型を1つずつ選べ。

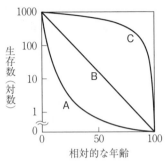

(1)　1回の産卵・産子数が最も多い
(2)　親の保護が最も厚い
(3)　各齢での死亡率はほぼ一定である
(4)　幼い時期の死亡率が各齢の中で最も高い
(5)　老年になると死亡率が急速に高まる
(6)　初期の死亡率が最も少ない

問4　次にあげた動物の個体数の変化を表してい
　　るグラフの型を，А～Сから1つずつ選べ。
(1)　ニホンザル　　　　(2)　サンマ
(3)　カキ　　(4)　シジュウカラ　　(5)　ヒト　　(6)　ヒドラ　　〈東北福祉大〉

[111] **個体数の推定法**

　地域全体の個体数を推定するために，植物や動きの遅い動物などの個体群に対しては
　　ア　　という方法が使われる。一方，動き回り，行動範囲の広い動物などの個体群に
対しては　　イ　　という方法が用いられる。
問1　文中の空欄に適当な語句を答えよ。
問2　下線部において，ある池から魚20匹を引き上げ，背びれの一部を切り目印をつけ，
　　再び池に放した。数日後，80匹を捕まえたところ，5匹に目印がついていた。池の中
　　の魚の個体数を推定せよ。ただし，目印がついた個体とその他の個体が均一に混じり
　　あっているとする。　　〈久留米大〉

[112] **個体群内の相互作用**

　個体群について，次の(1)～(5)を表す最も適当な語句を，下の語群から1つずつ選べ。
(1)　餌や生活空間などをめぐる，個体群内での個体どうしの競争
(2)　個体が同種の他個体を排除し，占有する一定の空間
(3)　同種個体間にみられる，優位と劣位の序列
(4)　同種の個体どうしが集まった，統一のとれた行動をする集団
(5)　同種の個体が密に集合したコロニーという集団で生活する性質
[語群]　①　環境抵抗　　②　寄生　　③　社会性　　④　種間競争
　　　　⑤　種内競争　　⑥　順位制　　⑦　縄張り　　⑧　群れ
　　　　⑨　リーダー制　⑩　食物連鎖

[113] **個体群間の相互作用**

　2つの種АとВの種間相互作用の効
果をプラス(+)，マイナス(-)，ゼロ(0)
という記号で表現するとする。このとき，
「捕食」は，種Аにはプラスにはたらく

	捕食	a	b	c	d
種A	+	-	+	+	0
種B	-	-	-	+	+

が，種Bにはマイナスにはたらくため，前ページの表のように示すことができる。表中のa〜dの種間相互作用の名称をそれぞれ漢字で答えよ。　　　　　　　　　　〈東邦大〉

114 生産力ピラミッド

　ある生態系で生産者と消費者が利用するエネルギー量の生態ピラミッドと光合成で固定されるエネルギー量の関係を右の図で示した。

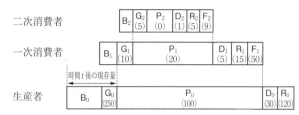

問1　図において，Dは枯死量・死滅量に相当するエネルギー量を示しているが，B，G，P，R，およびFはそれぞれ次のどれに相当するか，1つずつ選べ。

〈生態系における各栄養段階のエネルギー量の収支〉

① 成長量　　　② 光合成量　　　③ 呼吸量　　　④ 最初の現存量
⑤ 同化量　　　⑥ 被食量　　　⑦ 摂食量　　　⑧ 不消化排出量

問2　図の(　)内の数字は，ある湖沼における各エネルギー量(単位：J/(cm^2·年))を示している。この湖沼における次のエネルギー量(J/(cm^2·年))を答えよ。
(1) 生産者の純生産量　　　(2) 一次消費者の同化量　　　(3) 二次消費者の生産量
〈工学院大〉

115 炭素循環とエネルギーの流れ

　右の図は陸上生態系における炭素の循環を模式的に表しており，矢印は炭素の流れの方向を示している。

問1　図中の　a　〜　e　に適切な語句を，次の語群から1つずつ選べ。
　[語群]　化石燃料　　　遺体・排出物　　　消費者
　　　　　生産者　　　分解者

問2　A〜Hのうち呼吸を示す矢印をすべて選べ。

問3　次の文中の空欄に適切な語句を答えよ。
　植物は太陽の光エネルギーを光合成によって　ア　エネルギーに変換し有機物中に蓄える。つくられた有機物は食物連鎖を通して高次の栄養段階へと移動していく。有機物に含まれる　ア　エネルギーは各生物の生命活動に使われるたび，一部は　イ　エネルギーとなる。　イ　エネルギーは有機物の合成に使えないため，最終的に宇宙空間に放出される。すなわちエネルギーは食物連鎖の中で　ウ　することはなく，一方向的に流れるのみである。　　　　　　　　　　　　〈東京慈恵会医大〉

116 窒素代謝

　植物は空気中の窒素(N$_2$)を直接利用することができない。しかし，アゾトバクターやクロストリジウムなどの細菌は，a空気中の窒素を取り込み，NH$_4^+$に還元して利用

することができる。また，　ア　科植物の根に共生する　イ　は，空気中の窒素を取り込み，還元して NH_4^+ に変え，　ア　科植物は<u>それを用いて有機窒素化合物を合成している</u>。下図は，これらの生物が関わる窒素の流れを模式的に示したものである。

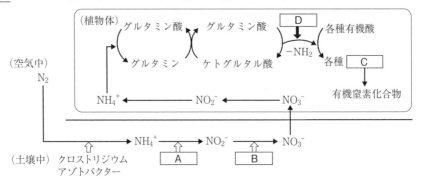

問1　文中の　ア　と　イ　に入る最も適当な語句をそれぞれ記せ。

問2　下線部aとbのはたらきをそれぞれ何というか。

問3　図中の　A　と　B　に入る生物名をそれぞれ記せ。

問4　　C　に入る物質名および，　C　がつくられるときにはたらく酵素　D　の名称を記せ。

問5　植物が合成する有機窒素化合物の名称を1つ記せ。　　　　　　〈京都光華女大〉

---

117 自然浄化

右の図は清流に有機物を含む汚水が流れ込む川で水の調査をし，NO_3^-，NH_4^+，酸素，および，有機物の含有量を調べた結果である。図中のアが示すものとして最も適当なものを，次から1つ選べ。

① NO_3^-　　② NH_4^+　　③ 酸素

④ 有機物　　　　　　　　　　　〈東京工芸大〉

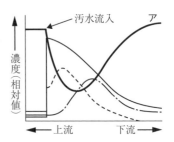

---

118 生物多様性

生物多様性に関して，次の文中の空欄に適当な語句を答えよ。

生態系を構成する地球上の生命の総体のことを，生物多様性と呼ぶ。生物多様性は，観点の大きいほうから順に　ア　多様性，　イ　多様性，　ウ　多様性の3つの階層に分けられる。　ア　多様性とは，地球上に存在する　ア　の多様性のことで，気温や　エ　といった環境要因と，そこに生息する生物が相互に関わりあって，地域ごとに異なる　ア　が形成される。　イ　多様性とは，ある地域に生息する　イ　の豊富さのことで，　イ　の数と，各　イ　の個体数によって評価できる。　ウ　多様性とは，同種内に含まれる遺伝子の多様性のことであり，種内に含まれる対立遺伝子（アレル）の数とその頻度，および生物集団の中で，ヘテロ接合になっている個体の割合によって評価できる。　　　　　　　　　　　　　　　　　　〈福島県医大〉

別冊 解答

大学入試 全レベル問題集

生 物

［生物基礎・生物］

1 基礎レベル

改訂版

Obunsha

目　次

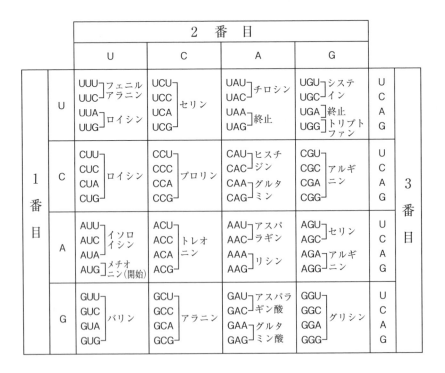

		2 番 目				
		U	C	A	G	
1番目	U	UUU ⌐フェニル UUC ⌐アラニン UUA ⌐ロイシン UUG ⌐	UCU ⌐ UCC ⌐セリン UCA ⌐ UCG ⌐	UAU ⌐チロシン UAC ⌐ UAA ⌐終止 UAG ⌐終止	UGU ⌐システ UGC ⌐イン UGA ⌐終止 UGG ⌐トリプト ファン	U C A G
	C	CUU ⌐ CUC ⌐ロイシン CUA ⌐ CUG ⌐	CCU ⌐ CCC ⌐プロリン CCA ⌐ CCG ⌐	CAU ⌐ヒスチ CAC ⌐ジン CAA ⌐グルタ CAG ⌐ミン	CGU ⌐ CGC ⌐アルギ CGA ⌐ニン CGG ⌐	U C A G
	A	AUU ⌐イソロ AUC ⌐イシン AUA ⌐ AUG ⌐メチオ ニン(開始)	ACU ⌐ ACC ⌐トレオ ACA ⌐ニン ACG ⌐	AAU ⌐アスパ AAC ⌐ラギン AAA ⌐リシン AAG ⌐	AGU ⌐セリン AGC ⌐ AGA ⌐アルギ AGG ⌐ニン	U C A G
	G	GUU ⌐ GUC ⌐バリン GUA ⌐ GUG ⌐	GCU ⌐ GCC ⌐アラニン GCA ⌐ GCG ⌐	GAU ⌐アスパラ GAC ⌐ギン酸 GAA ⌐グルタ GAG ⌐ミン酸	GGU ⌐ GGC ⌐グリシン GGA ⌐ GGG ⌐	U C A G

3番目（右側の列）

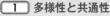

第1章 生物と遺伝子

1 生物の特徴

1 多様性と共通性

③

解説 周囲の温度に対応してからだの温度を調節し一定に保つ性質は，**鳥類と哺乳類にのみみられ**，これらを恒温動物という。

Point すべての生物に共通する性質
① からだを構成する単位は細胞である。
② 遺伝物質として DNA を用いる。
③ 生殖により増殖する。
④ 代謝を行い，生じたエネルギーを生命活動に利用する。
⑤ エネルギー物質として ATP を用いる。
⑥ 体内環境を一定に保つ性質(恒常性)をもつ。

---

2 細胞の構造
問1　ア－⑦　イ－②　ウ－⑤
問2　④
問3　①，③，④
問4　②
問5　①

解説 細胞に関しての基本的な問題なので，必ず解けるようにしておこう。

Point 生物の種類
原核生物：DNA が細胞質に存在する**原核細胞**からなる生物。
　例) 大腸菌，乳酸菌，シアノバクテリア(イシクラゲ，ネンジュモなど)
真核生物：DNA が核膜に包まれる**真核細胞**からなる生物。
　例) 動物，植物，菌類(酵母，シイタケなど)

問1　すべての細胞は遺伝物質として DNA をもつ。また境界膜として細胞膜をもち，内部は液体の細胞質基質で満たされている。真核細胞は核と，核以外の部分である細胞質とからなる。細胞質にはミトコンドリアや葉緑体などの**細胞小器官**や，**細胞質基質**，**細胞膜**などが含まれる。

問2　① すべての原核細胞は，細胞膜の外側に細胞壁をもつ。
　② 原核細胞は，ミトコンドリアや葉緑体などの**膜でできた細胞小器官**をもたない。
　③ べん毛は，原核細胞からなる大腸菌などだけに存在するわけではなく，真核細胞からなるヒトの精子やミドリムシなどにも存在する。

④　ゾウリムシやミドリムシは単細胞の真核生物であり，大腸菌や乳酸菌は単細胞の原核生物である。

⑤　シアノバクテリアは光合成を行う原核生物である。ただし，**原核生物であるため葉緑体はもたないことに注意しておこう。**

問3　②オオカナダモは被子植物，⑤パン酵母は菌類であり，ともに真核生物である。

問4　①　呼吸はミトコンドリアで行われている。葉緑体では光合成が行われている。

②　葉緑体は光エネルギーを吸収するクロロフィルという色素をもち，吸収したエネルギーを用いて光合成が行われる。

③　アントシアンは，液胞に含まれる赤・青・紫色などの色素である。

④　ミトコンドリアは呼吸によって生命活動に必要なエネルギー物質であるATPを合成する。そのため，筋肉の細胞など，**活発に生命活動している細胞には多く含まれる。**

問5　①　細胞質基質に含まれるタンパク質は酵素としてはたらくものが多く，細胞質基質はさまざまな化学反応の場となる。

②　光合成は葉緑体で進行する。

③　遺伝物質であるDNAを含み，DNAに記された情報に従って，細胞のはたらきや形態を決定するのは核である。

④　細胞壁は植物や菌類，原核生物の細胞膜の外側に存在し，細胞の保護にはたらく。植物の細胞壁がセルロースやペクチンからなることも覚えておこう。

⑤　細胞膜は5〜6nm程度の厚さの膜で，細胞膜に埋め込まれて存在するタンパク質が，**細胞内外の物質の移動にはたらく。**

---

3 ATP
問1　アーリボース　イーアデニン　ウーアデノシン
問2　⑤

解説 問1　ATP（アデノシン三リン酸）は，リボース（糖）とアデニン（塩基）が結合したアデノシンに，リン酸が3個直列につながったものである。

問2　エ．ATPのリン酸とリン酸の間の結合は高エネルギーリン酸結合と呼ばれ，1分子のATPは高エネルギーリン酸結合を2個（図の2と3）含む。

オ．生命活動には，ATPの末端のリン酸が切り離されてADP（アデノシン二リン酸）とリン酸が生じる際に放出されるエネルギーが用いられる。

4

4 酵素

問1 ④ **問2** タンパク質 **問3** 基質特異性 **問4** ③

解説 反応の前後で自身は変化せず，かつ反応を促進する物質を触媒という。触媒のうち，タンパク質からなるものを酵素，それ以外を無機触媒という。過酸化水素の分解 $(2H_2O_2 \rightarrow 2H_2O + O_2)$ にはたらく触媒のうち，カタラーゼは酵素，酸化マンガン(IV) は無機触媒である。

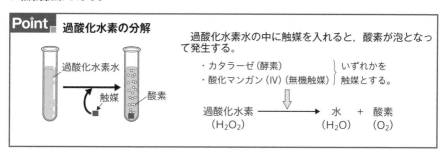

Point 過酸化水素の分解

過酸化水素水の中に触媒を入れると，酸素が泡となって発生する。

過酸化水素水　触媒　酸素

・カタラーゼ (酵素) ┐ いずれかを
・酸化マンガン (IV) (無機触媒) ┘ 触媒とする。

$$\text{過酸化水素} \longrightarrow \text{水} + \text{酸素}$$
$$(H_2O_2) \qquad (H_2O) \quad (O_2)$$

問1 カタラーゼは，動物・植物・微生物を問わずすべての好気性生物の細胞内に存在する。動物では肝臓・腎臓・赤血球に特に多く含まれる。

問2 すべての酵素はタンパク質からなる。

問3 酵素は特定の物質のみを基質とする基質特異性をもつ。生体内ではさまざまな化学反応が進行しているが，それぞれの反応では異なる酵素がはたらいている。

問4 過酸化水素の分解で生じる酸素には助燃性があるため，酸素を集めた試験管に火のついた線香を入れると，線香は炎を上げて燃える。①は二酸化炭素や窒素を集めた試験管の場合に，②は水素を集めた試験管の場合にみられる変化である。

5 光合成と呼吸

問1 A－③，④ B－①，② **問2** ②
問3 ②，④，⑤ **問4** ①，②，③

解説 **問1** 光エネルギーを吸収している細胞小器官アは，光エネルギーを利用して光合成を行う葉緑体であると判断できる。葉緑体は，光のエネルギーを用いて二酸化炭素と水から有機物と酸素を生じる。合成された有機物の一部は，ミトコンドリア(細胞小器官イ)に取り込まれ，酸素を用いて二酸化炭素と水にまで分解される。その際に生じたエネルギーにより ATP が合成される。

問2 葉緑体では，まず光エネルギーを用いて ADP とリン酸から ATP が合成される。次に ATP を ADP とリン酸へと分解する際に生じるエネルギーを用いて二酸化炭素と水から有機物と酸素が合成される。よって二酸化炭素は消費されるが生成されないので①は誤り。また酸素は生成されるが消費されないので③も誤り。ATP は合成・分解ともにされるので②は正しい。

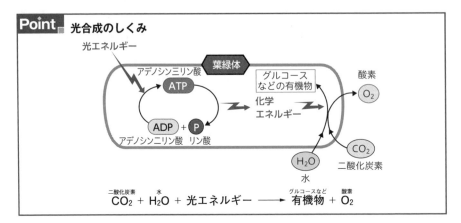

Point 光合成のしくみ

CO₂ + H₂O + 光エネルギー ⟶ 有機物 + O₂

問3 ミトコンドリアでは，有機物が酸素を用いて二酸化炭素と水にまで分解される。その際に生じたエネルギーにより ADP とリン酸から ATP が合成される。すなわち，ミトコンドリアでの反応は複雑な物質を単純な物質に分解する異化の反応であるので，①，⑥は誤り，②，⑤は正しい。また有機物の化学エネルギーを取り出す過程であるので，③は誤り，④は正しい。

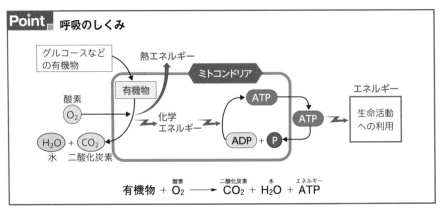

Point 呼吸のしくみ

有機物 + O₂ ⟶ CO₂ + H₂O + ATP

問4 ① 光合成・呼吸を含め，生体内でのすべての反応は酵素が触媒として反応を促進する。

② 光合成では**光エネルギー**が有機物の**化学エネルギー**へと変換される。呼吸では有機物の化学エネルギーが ATP の化学エネルギーへと変換される。

③ 光合成では光エネルギーを用いた ATP 合成が行われる。呼吸では有機物を酸化した際に生じるエネルギーにより ATP 合成が行われる。

2 遺伝子とそのはたらき

6 DNA の構造

問1 ア－ヌクレオチド イ－リン酸 ウ－糖 エ－塩基
問2 デオキシリボ核酸 問3 二重らせん構造
問4 塩基配列
問5 2本のヌクレオチド鎖ではAとT，GとCとが互いに相補的に結合しているため。
問6 30%

解説 問1，2 DNA(デオキシリボ核酸)やRNA(リボ核酸)などの核酸は，多数のヌクレオチドが連なった鎖状の物質である。ヌクレオチドは糖にリン酸と塩基とが結合したもので，鎖状になるときにはリン酸と糖が交互に結合した主鎖から塩基が突き出した構造をとる。

問3，5 DNAは2本のヌクレオチド鎖が，突き出した塩基のAとT，GとCとの間で結合し，ねじれることにより二重らせん構造をとる。なお，AとT，GとCはそれぞれ必ず対になるので，一方が決まると他方も決まる。このような関係を相補的であると表現する。

Point DNA（デオキシリボ核酸）の構造

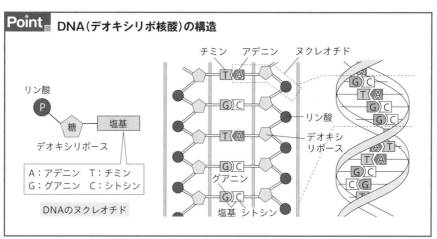

チミン アデニン ヌクレオチド

リン酸
P
糖 塩基
デオキシリボース

A：アデニン T：チミン
G：グアニン C：シトシン

DNAのヌクレオチド

リン酸
デオキシリボース
グアニン
塩基 シトシン

問4 DNAにはタンパク質合成に関する情報が記されており，これを遺伝情報という。遺伝情報は4種類の塩基の並び順によって記されており，これを塩基配列という。

問6 DNA中に含まれるAとTの数，およびGとCの数は等しい。

よってA(%)＝T(%)＝20%であり，

$$G(\%) = C(\%) = \frac{DNA 中の全塩基の割合 - A と T の割合の合計}{2}$$

$$= \frac{100(\%) - 40(\%)}{2} = 30(\%)$$

7 体細胞分裂
問1　あ−⑤　い−⑧　う−⑥　え−⑦　え₁−①　え₂−②　え₃−③　え₄−④
問2　え₁−(a)　え₂−(b)　え₃−(e)　え₄−(c)

解説 問1　間期は,「G_1期→S期→G_2期」の順に進行する。細胞あたりのDNA量は,DNA合成期(Synthetic phase)に倍加するので,図1中でDNA量が倍加しているいがS期,その前後のあがG_1期,うがG_2期。G_2期に引き続き進行する分裂期(M期)であるえは,「前期(え₁)→中期(え₂)→後期(え₃)→終期(え₄)」の順に進行する。

問2　M期は, DNAが凝縮した構造体である染色体がどのような状態になっているかにより「前期〜終期」の各期に分けられる。

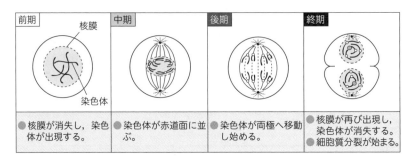

前期	中期	後期	終期
●核膜が消失し, 染色体が出現する。	●染色体が赤道面に並ぶ。	●染色体が両極へ移動し始める。	●核膜が再び出現し, 染色体が消失する。 ●細胞質分裂が始まる。

Point 体細胞分裂の過程
　間期：**染色体の複製**が行われる時期。**核が観察される。**
　　G_1期(DNA合成準備期)
　　S期(DNA合成期)…DNAが合成され, 染色体が複製される
　　G_2期(分裂準備期)
　分裂期(M期)：**染色体の分配**が行われる時期。**染色体が観察される。**
　　前期…核膜が消え, 染色体が出現する
　　中期…染色体が赤道面に並ぶ
　　後期…染色体が両極へ移動する
　　終期…核膜が出現し, 染色体が消失する

---

8 DNAの複製
問1　③
問2　半保存的複製

解説 新しい2本鎖DNAは, 古い鎖1本と新しい鎖1本とからなる。

Point ■ DNA の複製

① 2本鎖 DNA の塩基どうしの結合が切れ，1本鎖になる。
② 1本鎖の塩基に相補的な塩基をもつヌクレオチドが結合する。
③ 酵素によりヌクレオチドが連結され，新しい2本鎖 DNA が2本できる。

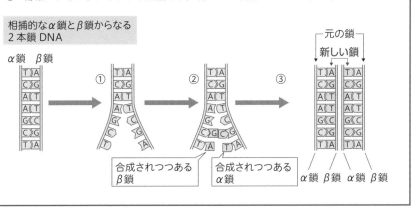

相補的な α 鎖と β 鎖からなる
2本鎖 DNA

合成されつつある β 鎖　合成されつつある α 鎖

元の鎖　新しい鎖

α 鎖　β 鎖　α 鎖　β 鎖

---

9 細胞周期

問 1 2.3時間
問 2 (1) G_1 期　　(2) G_2 期，M期　　(3) S期
問 3 G_1 期 – 7.0時間　　G_2 期 – 3.2時間

解説 **問 1**　細胞周期の各期に要する時間の長さと，細胞周期の各期にある細胞の数とは比例関係にある。表より，全260個の細胞のうちM期の細胞の数は30個。細胞周期1周に要する時間が20時間であるので，M期に要する時間は，

$$20(時間) \times \frac{30}{260} \fallingdotseq 2.30 \rightarrow 2.3(時間)$$

問 2　細胞周期において DNA 量が最も少ない時期は，細胞分裂終了直後の G_1 期。よって，**DNA 量が最も少ない相対値1の細胞は G_1 期**。G_1 期に引き続いて S 期には DNA 合成が起こり，DNA 量が倍加する。よって，**相対値1～2の細胞は S 期**。S 期ののち，G_2 期を経て，M期の最後に DNA は2個の娘細胞へと分配され，細胞あたりの DNA 量は2から1へと半減する。よって，**相対値2の細胞は G_2 期とM期**（次ページの **Point** 参照）。

問 3　「G_1 期の細胞＝DNA 相対値1の細胞＝91（個）」なので，問1と同様に，G_1 期に要する時間は，

$$20(時間) \times \frac{91}{260} = 7 \rightarrow 7.0(時間)$$

となる。

「G_2期の細胞＋M期の細胞＝DNA相対値2の細胞＝72（個）」なので，G_2期とM期に要する時間の和は，

$$20（時間）\times\frac{72}{260}≒5.53 \rightarrow 5.5（時間）$$

となる。

　問1より，M期は2.3時間なので，G_2期に要する時間は，

$$5.5-2.3=3.2（時間）$$

となる。

Point **細胞周期にともなう DNA 量変化**

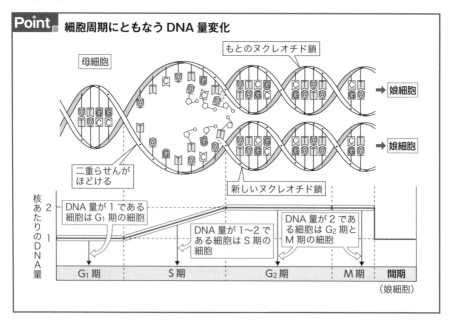

---

10 ゲノムと遺伝情報の発現

問1　③

問2　イ−③　ウ−⑥　エ−⑧

問3　②，④

解説 問1　ヒトの遺伝子が約2万個であることは覚えておこう。

問2　DNA に記された遺伝情報に従い，タンパク質を合成する過程を遺伝子発現という。遺伝子発現は，**DNA の塩基配列に相補的な mRNA（伝令 RNA）を合成する転写の過程**と，**mRNA の3個の塩基に対応する特定のアミノ酸を連結してタンパク質を合成する翻訳の過程**からなる。すべての生物は遺伝子発現を行うが，タンパク質のアミノ酸配列をもとに RNA をつくったりするような，遺伝子発現と逆の流れの反応は起こらない。どの生物でも**情報の流れは「DNA → RNA →タンパク質」の一方向であ**

るという原則をセントラルドグマという。

問3　ゲノムとは，精子や卵などの生殖細胞に含まれる全 DNA の集合である。よって，精子や卵はゲノムをそれぞれ1セットずつ，精子と卵が受精して生じた受精卵はゲノムを2セットもつ。

① 体細胞は受精卵が体細胞分裂した結果生じたものである。体細胞分裂では，元の細胞(母細胞)と全く同じ塩基配列の DNA をもつ細胞(娘細胞)が生じる。よって，一部の例外を除き，**すべての体細胞は受精卵と全く同じ塩基配列，2セットのゲノムをもつ。**

② すべての体細胞が同じ遺伝情報をもつにもかかわらず，細胞の種類ごとに形態や機能が異なるのは，**細胞ごとに発現する遺伝子が異なり，異なるタンパク質がはたらいているためである。**

③ 子は，母からのゲノムだけでなく，父からのゲノムも1セット受け取っている。よって**母親とは異なるゲノム，異なる塩基配列をもつ。**

④ 遺伝子は，DNA 中にとびとびに存在しており，DNA 中で遺伝子としてはたらいている部分の割合はとても低い。ヒトでは1％程度と推定されている。なお，真核生物と原核生物を比較すると，原核生物の方が遺伝子部分の割合が若干高い傾向にあることも知っておこう。

---

11 遺伝子発現①
問1　ア－mRNA(伝令 RNA)　イ－タンパク質　ウ－アミノ酸　エ－塩基　オ－コドン　カ－tRNA(転移 RNA)　キ－アンチコドン
問2　64通り
問3　終止コドン

解説 問1　遺伝子発現には3種類の RNA(mRNA，tRNA，rRNA)がはたらく。

Point 生物基礎の範囲では登場しなかった要素を確認しよう
コドン：mRNA の三つ組塩基(トリプレット)。
アンチコドン：コドンに相補的な，tRNA(転移 RNA)の三つ組塩基。

問2　RNA には4種類の塩基(A，G，C，U)が含まれる。**コドンは3塩基の組合せ**なので，「4×4×4＝64(通り)」となる。
問3　64通りのコドンのうち，**3種類**(UAA，UAG，UGA)には対応するアンチコドンをもつ tRNA が存在しない。そのため，これら3種類のコドンにはアミノ酸が運搬されず，このひとつ前のコドンで**翻訳が終了する。**これら3種類のコドンを終止コドンという。

①－C ②－T ③－A ④－転写 ⑤－U ⑥－G ⑦－A
⑧－アラニン ⑨－ロイシン

解説 ①～③　DNA の 2 本のヌクレオチド鎖の間では，A と T，G と C が相補的に結合する。よって①は G に相補的な C，②は A に相補的な T，③は T に相補的な A。

④，⑤　DNA の塩基配列をもとに mRNA を合成する過程を転写という。転写の際には 2 本鎖 DNA のうち特定の 1 本のみが鋳型となる。鋳型の DNA 鎖と mRNA の塩基配列の間には，右図のような相補性がある。

鋳型 DNA	A	T	G	C
	↓	↓	↓	↓
RNA	U	A	C	G

　問題の図において，mRNA の左端の塩基は A なので，DNA の鋳型鎖の左端の塩基は T のはず。よって，鋳型鎖は 2 本鎖 DNA のうち下側の鎖であることがわかる。⑤は鋳型鎖の A に相補的な U となる。

⑥，⑦　mRNA と tRNA の間では A と U，G と C が相補的に結合する。よって，⑥は C に相補的な G，⑦は U（⑤）に相補的な A となる。

⑧，⑨　遺伝暗号表はコドン表とも呼ばれ，mRNA の 3 塩基の並びであるコドンと，そのコドンに運ばれてくるアミノ酸の対応を示す。⑧はコドン GCU に運ばれてくるアラニン。⑨を指定するコドンは DNA の AAT に相補的な UUA で，⑨はロイシン。

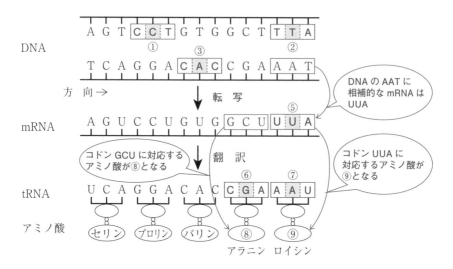

第2章 生物の体内環境の維持

3 体内環境

13 体液

問1　ア-④　イ-⑥　ウ-③　エ-⑩　オ-②　カ-①
問2　③　　　問3　②

解説 問1　**体液**(細胞外液):体内環境(内部環境)とも呼ばれ,体内で細胞間を満たす。
体液は血液,組織液,リンパ液の3つに分けられる。
血液…血管中を流れる。血しょう(55%)と血球(45%)からなる。
組織液…血しょうが毛細血管の血管壁からしみ出したもの。
リンパ液…組織液が毛細リンパ管の間からしみ込んだもの。

Point 体液の種類とその流れ

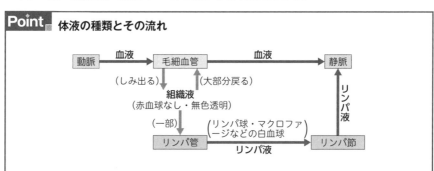

問2　ヒトを含め,哺乳類の赤血球は核やミトコンドリアなどの細胞小器官をもたず,
平均的な真核細胞($10～100\mu m$)よりもやや小さい。
問3　血液$1mm^3$中に含まれる各血球の数は,
　　赤血球(450万～500万個)>血小板(20万～30万個)>白血球(6000～8000個)
である。

14 血液循環

問1　ア-③　イ-⑥　ウ-②　　　問2　体循環(大循環)
問3　肺循環(小循環)　　問4　(1)　①　　　(2)　②

解説 問1　肺から肺静脈を経て心臓へ戻った血液は,「左心房→左心室(ア)」
の順に流れ,大動脈(イ)を経て全身へ酸素を届ける。全身から大静脈を流れて心
臓へ戻った血液は,「右心房(ウ)→右心室」の順に流れ,肺動脈を経て肺へ流れる。
問2　体循環(大循環)は,全身の組織で血液中の酸素を放出し,血液中に二酸化炭素を
取り込む。
問3　肺循環(小循環)は,肺で血液中の二酸化炭素を放出し,血液中に酸素を取り込む。

問4　肺動脈は心臓から肺へと向かう，**酸素が少なく二酸化炭素が多い血液（静脈血）が流れる血管**である。肺静脈は肺から心臓へと向かう，**酸素が多く二酸化炭素が少ない血液（動脈血）が流れる血管**である。

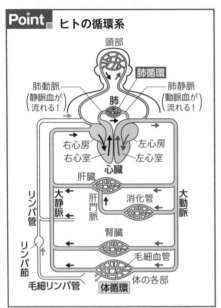

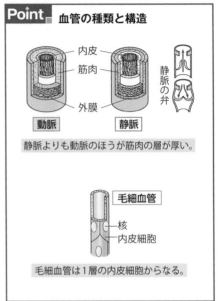

15　酸素運搬
問1　(a)
問2　(1)　⑧　　(2)　①　　(3)　⑥

解説 赤血球中に含まれるヘモグロビンは，酸素運搬にはたらくタンパク質である。

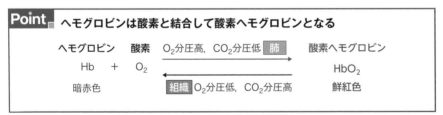

問1　肺を流れる血液中の二酸化炭素分圧は，筋肉を流れる血液中の二酸化炭素分圧よりも低い。よって二酸化炭素分圧が低い(a)が肺の毛細血管，二酸化炭素分圧が高い(b)が筋肉の毛細血管の血液。

問2　(1)　肺において酸素と結合しているヘモグロビンの割合は，肺の酸素分圧である100mmHg での肺のグラフ(a)の値を読む。

(2)　筋肉において酸素と結合しているヘモグロビンの割合は，**筋肉の酸素分圧である 30mmHg** での**筋肉のグラフ(b)の値**を読む。

(3)　$\dfrac{\text{筋肉で放出された酸素}}{\text{肺から筋肉まで運ばれてきた酸素}} \times 100 (\%)$

$= \dfrac{\text{肺で酸素と結合しているヘモグロビン}(\%) - \text{筋肉で酸素と結合しているヘモグロビン}(\%)}{\text{肺で酸素と結合しているヘモグロビン}(\%)} \times 100 (\%)$

$= \dfrac{98(\%) - 20(\%)}{98(\%)} \times 100(\%) = \dfrac{78(\%)}{98(\%)} \times 100(\%) \fallingdotseq 79.59(\%)$

---

16 血液凝固
問1　c → b → a → d
問2　⑤

[解説] 問1　けがをしたときには，出血を抑える反応が次の順序で進む。

① **血小板**が，傷口に集まり**傷口をふさぐ**(c)。

② 血小板などのはたらきにより**繊維状タンパク質**であるフィブリン**が生じる**(b)。

③ フィブリンに血球が絡め取られて生じた**血ぺい**が傷口をふさぐ(a)。

④ 血管壁の修復が終わると，**血ぺいを取り除く反応（線溶）が起こる**(d)。

Point 血液凝固のしくみ

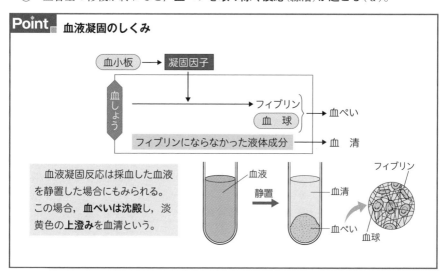

血液凝固反応は採血した血液を静置した場合にもみられる。この場合，**血ぺいは沈殿**し，淡黄色の**上澄み**を血清という。

問2　① 血しょう中に最も多く存在するタンパク質。物質運搬などにはたらく。

② すい臓から分泌される，血糖濃度低下にはたらくホルモン。

③ 脳下垂体後葉から分泌される，腎臓での水の再吸収を促進するホルモン。

④ 肝臓で，ヘモグロビンをもとに合成される胆汁の成分。

⑤ 赤血球中に含まれる，酸素運搬にはたらく色素タンパク質。

解説 腎臓では尿が生成される。腎動脈から流れ込んだ血液の一部は，糸球体からボーマンのう側へろ過される。これによりボーマンのう側へ濾し出されたろ液が**原尿**となる。原尿の成分の一部は，腎細管を流れるうちに毛細血管側へと再吸収される。再吸収されなかった成分は**尿**として，**腎う**，**輸尿管**を経てぼうこうへと運ばれ，最終的に体外へと排出される。

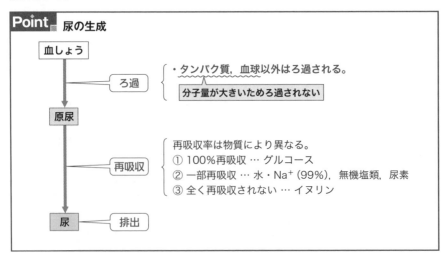

問1 (1)　血液中を流れる成分のうち，**血球(①)とタンパク質(⑥)はろ過されず**，原尿中に含まれることはない。これは，血球とタンパク質は分子量(≒大きさ)が大きく，ボーマンのうの孔を通過できないためである。それ以外の分子(グルコース，尿素，無機塩類など)は孔よりも小さいため，自由にろ過される。

(2)　健康なヒトでは**グルコースは100%再吸収され，尿中へ出ることはない**。水の再吸収率も高い(99%程度)が，体外へ尿として水が排出されるということは，再吸収率が100%ではないことを意味する。

問2　イヌリンは**ろ過されるが全く再吸収されない**ため，原尿中の全量が尿中へ排出され，

<u>ろ過量</u>
(原尿量 × 原尿中のイヌリン濃度) ＝ <u>排出量</u>
(尿量 × 尿中のイヌリン濃度)

という関係が成立する。原尿中のイヌリン濃度は，$0.1(g/100mL)=1(g/L)$，尿中のイヌリン濃度は，$12(g/100mL)=120(g/L)$，1日の尿生成量は1.5Lなので，1日の原尿生成量を$X(L)$とすると，

$$X(L) \times 1(g/L) = 1.5(L) \times 120(g/L)$$

より，$X=180(L)$となる。

問3　1日にろ過された液体(＝原尿)量は180L/日，原尿中の尿素濃度は，

$0.03(g/100mL) = 0.3(g/L)$ であるので，1日にろ過された尿素量$(g/日)$は，
$$180(L/日) \times 0.3(g/L) = 54(g/日)$$
1日に排出された液体($=$尿)量は1.5L/日，尿中の尿素濃度は，
$2(g/100mL) = 20(g/L)$ であるので，1日に排出された尿素量$(g/日)$は，
$$1.5(L/日) \times 20(g/L) = 30(g/日)$$
「再吸収量＝ろ過量－排出量」であるので，
$$再吸収量 = 54(g/日) - 30(g/日) = 24(g/日)$$
となる。

---

18 肝臓の構造と機能
　問1　ア－肝　イ－肝小葉　ウ－門脈　エ－アミノ酸
　　　オ－グリコーゲン　カ－アンモニア　キ－尿素　ク－胆のう
　問2　脂肪を乳化する。
　問3　②

解説 問1　ア，イ．肝臓の構成単位は円柱状をした肝小葉で，肝臓は約50万個の肝小葉からなる。1個の肝小葉は約50万個の肝細胞からなる。

ウ．毛細血管が合流した静脈を門脈という。**消化管に分布した毛細血管は合流して肝門脈となり，肝臓へと向かう。**小腸では血液中へ栄養分が吸収されるため，**肝門脈には栄養が富んだ血液が流れる。**

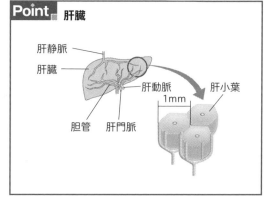

Point　肝臓

肝静脈
肝臓
肝動脈
肝小葉
1mm
胆管　肝門脈

エ．消化により，炭水化物は糖に，**タンパク質はアミノ酸に**まで分解され，すべて小腸で血液中に吸収される。

オ．肝臓は，グルコースをつなぎ合わせて，グリコーゲンという**貯蔵型の多糖類を合成**する。

カ，キ．タンパク質は窒素（N）を含む。そのため，**タンパク質を呼吸に用いるとアンモニア（NH_3）が生じる。**アンモニアは神経毒となるため，血液中の濃度が高くなると脳に障害が起き，昏睡状態に陥ることなどがある。そのため，肝臓では**アンモニアを毒性の少ない尿素につくり変える**という解毒作用を行う。

ク．肝臓は古くなった**赤血球を破壊**する機能をもつ。その際，赤血球中のヘモグロビンからビリルビンという物質を合成する。肝臓は胆汁を合成する機能ももち，ビリルビンは胆汁の成分となる。肝小葉を構成する肝細胞が分泌した胆汁は，肝小葉の周囲に位置する胆管に集められ，胆のうへと運ばれて貯蔵される。

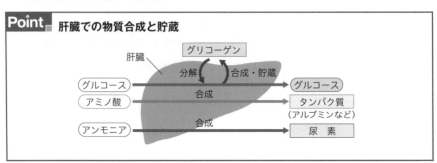

肝門脈　　肝動脈	血液は肝小葉の
├────┬────┤	中心へ向かって流
類洞	れる。
(太い毛細血管)	胆汁は肝小葉の
↓	外側へ向かって流
中心静脈	れる。
↓	
肝静脈	

問2 胆汁には**脂肪を水になじみやすくする**はたらきがあり，このはたらきを乳化という。脂肪が乳化されることにより，脂肪を分解する酵素(リパーゼ)がはたらきやすくなる。

問3 ② アルブミンは血しょう中に最も多く存在するタンパク質で，肝臓でつくられる。

① アミラーゼは唾腺の細胞でつくられるタンパク質。唾液中に含まれ，デンプンを糖へ分解する消化酵素。

③ クリスタリンは眼の水晶体の細胞でつくられるタンパク質。

④ リゾチームは汗腺や涙腺の細胞でつくられるタンパク質。汗や涙中に含まれ，細菌の細胞壁を分解する酵素。

Point 肝臓での物質合成と貯蔵

```
                    グリコーゲン
        肝臓　　┌──────────────┐
              分解│ ⟲ ⟳ │合成・貯蔵
    グルコース ──────────────────→ グルコース
                      合成
    アミノ酸  ──────────────────→ タンパク質
                                  (アルブミンなど)
                      合成
    アンモニア ──────────────────→ 尿　素
```

19 ヒトの神経系

問1 ア−脊髄　イ−体性　ウ−自律

問2 エ−中脳　オ−間脳　カ−大脳　キ−小脳　ク−延髄

問3 ②，⑥

問4 ⑤，⑥

解説 問1 ヒトの神経系は次ページのような構成となっている。

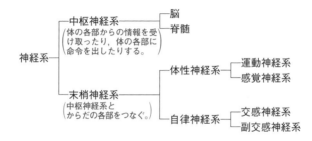

問2 脳の構造と機能については，次の表をよく覚えよう。

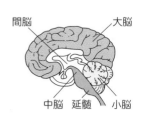

	はたらきなど
大脳	記憶，判断，感情
間脳	恒常性維持
中脳	姿勢の保持，眼の反射中枢（瞳孔反射，動眼反射など）
小脳	平衡感覚，筋肉運動の調節
延髄	心拍調節，呼吸調節など。生命維持の脳

問3 ② 間脳は視床と視床下部からなる。脳下垂体は視床下部からつながっている。

⑥ 「間脳・中脳・延髄・橋」をまとめて脳幹という。脳幹は生命維持に重要な機能を担っており，脳幹を含む機能が停止し回復できない状態になると脳死と判定される。大脳の機能は停止しているが脳幹の機能が残っている状態は植物状態という。

問4 交感神経と副交感神経は，ちょうどアクセルとブレーキのように**拮抗的に各種器官のはたらきを調節**する。**交感神経は興奮状態をつくりだす**のに対し，**副交感神経は安静状態をつくりだす。**

	①（心拍）	②（発汗）	③（消化管運動）	④（立毛筋）	⑤（瞳孔）	⑥（気管支）
交感神経	促進	促進	抑制	収縮	拡張	拡張
副交感神経	抑制	※－	促進	※－	収縮	収縮

※ 汗腺や立毛筋には副交感神経は分布しておらず，交感神経のみが分布している。

[20] 内分泌系
問1 ア－外分泌　イ－内分泌　ウ－標的　エ－受容体（レセプター）
　　　オ－フィードバック
問2 ②

解説 問1　ア，イ．外分泌腺は，**体表や消化管へ汗や涙，消化液など**を分泌する。分泌液は，**排出管を通って体外へと排出**される。一方，内分泌腺は，**体液中へホルモンを分泌**する。内分泌は，ホルモンを合成した細胞が細胞外へホルモンを放出することで完了し，排出管は関与しない。

ウ，エ．ホルモンは体液によって全身を巡るが，特定の標的器官にしか作用しない。これは，**標的細胞だけがそのホルモンが結合する特定の受容体をもち**，ホルモンは受容体に結合したときにのみ，その効果を発揮するためである。

オ．一般に，**結果がもとに戻って原因に作用するしくみをフィードバックという**。間脳視床下部は，体液中のホルモン濃度が上昇したときには内分泌腺に対して分泌量を減らすように命令を与え，逆にホルモン濃度が減少したときには分泌量を増やすように命令を与える。このように，**結果と逆の方向の命令を与えるフィードバックは負のフィードバック**と呼ばれる。ホルモン濃度の調節など，生体内でみられるフィードバックはほとんどが負のフィードバックである。

問2　アドレナリンは副腎髄質から分泌されるホルモンで，**心臓の拍動促進**や，**血糖濃度の上昇**にはたらく。

Point　ヒトの内分泌腺とホルモン

内分泌腺		ホルモンの名称		ホルモンのおもなはたらき
視床下部 （間脳）		各種の 放出因子	各種の 抑制因子	・脳下垂体前葉ホルモンの分泌を，促進または抑制
脳下垂体	前葉	成長ホルモン		・成長促進（骨の成長など），血糖濃度を上昇
		甲状腺刺激ホルモン		・チロキシンの分泌を促進
		副腎皮質刺激ホルモン※		・糖質コルチコイドの分泌を促進
	後葉	バソプレシン		・水分の再吸収を促進（体液の濃度を下げる）
甲状腺		チロキシン		・細胞の呼吸などの代謝を促進
副甲状腺		パラトルモン		・血液中のカルシウム（Ca^{2+}）を増加
すい臓	A細胞	グルカゴン		・グリコーゲンを糖に分解し，血糖濃度を上昇
	B細胞	インスリン		・糖からのグリコーゲンの合成，細胞での糖の分解をそれぞれ促進（血糖濃度を低下）
副腎	皮膚	糖質コルチコイド		・タンパク質を糖に変え，血糖濃度を上昇
		鉱質コルチコイド		・Na^+の再吸収を促進
	髄質	アドレナリン		・グリコーゲンを糖に分解し，血糖濃度を上昇

※副腎皮質刺激ホルモンは，糖質コルチコイドの分泌のみを促進する。
（鉱質コルチコイドの分泌は促進しない。）

21 フィードバック

問1 チロキシン
問2 ②
問3 (1) ③ (2) ③

解説 問1 甲状腺から分泌されるチロキシンは，**代謝(特に異化)を促進**する。

問2 ①，③はともに脳下垂体後葉から分泌されるバソプレシンのはたらき。バソプレシンは，血管の筋肉を収縮させて**血圧を上昇させるはたらき**をもつ。また，腎臓の集合管に作用して，水の再吸収を促進するはたらきももつ。④は副腎皮質から分泌される鉱質コルチコイドのはたらき。

問3 甲状腺刺激ホルモンは甲状腺からの**チロキシン分泌を促進**する。甲状腺刺激ホルモン放出ホルモンは，脳下垂体前葉からの**甲状腺刺激ホルモン分泌を促進**する。高濃度のチロキシンは，間脳視床下部と脳下垂体前葉からのホルモン分泌に抑制的に作用する。その結果，**甲状腺からのチロキシン分泌量が低下**し，チロキシン濃度はもとに戻る。

22 血糖濃度調節

問1 ②
問2 ア-⑤ イ-⑧ ウ-② エ-③ オ-⑨ カ-⑨ キ-④ ク-①
　　ケ-⑥ コ-⑧
問3 a-② b-①
問4 ①
問5 ④

解説 問1 血液中のグルコースを血糖という。健常なヒトの**血液100mL(＝100g)中**にはグルコースが100mg(＝0.1g)程度含まれる。よって血糖濃度は，

$$\frac{グルコース \ 0.1(g)}{血液 \ 100(g)} \times 100(\%) = 0.1(\%)$$

問2，3 インスリンと副交感神経は**血糖濃度を低下**させるように，グルカゴン，アドレナリン，糖質コルチコイド，交感神経は**血糖濃度を上昇**させるようにはたらく。

問4 脳下垂体前葉から副腎皮質刺激ホルモンが分泌されるまでの過程は，次の通り。
① 間脳視床下部に位置する神経分泌細胞が，副腎皮質刺激ホルモン放出ホルモンを合成
② 脳下垂体前葉の手前にある毛細血管へ放出ホルモンが分泌される
③ 血液によって脳下垂体前葉に届く
④ 脳下垂体前葉からの副腎皮質刺激ホルモンの分泌が促進される

なお，副腎皮質刺激ホルモンは副腎皮質からの**糖質コルチコイド**の分泌だけを促進し，**鉱質コルチコイドの分泌は促進しない**ことも確認しておこう。

問5　アドレナリンとグルカゴンは**グリコーゲンを分解**することで血糖濃度を上昇させるのに対し，糖質コルチコイドだけはタンパク質からグルコースを新生することで血糖濃度を上昇させる。

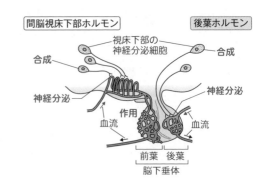

| 間脳視床下部ホルモン | 後葉ホルモン |

Point　**血液濃度調節のしくみ**

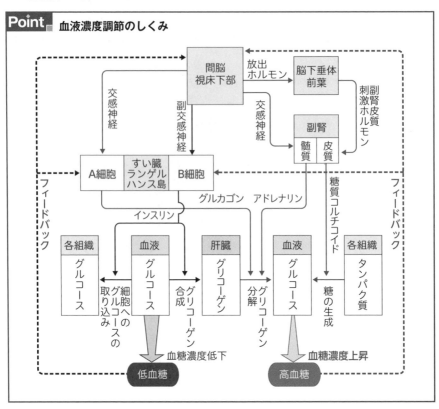

23 体温調節

②

解説 ①, ③ 副腎髄質から分泌される**アドレナリン**は, **肝臓や筋肉での発熱量を増加**させる。また, 糖質コルチコイドは**副腎髄質ではなく副腎皮質から分泌**される。

④ 交感神経により発汗が促進されると, 汗が乾くときに熱が奪われるため**放熱量が増加**する。

⑤ 副交感神経は**汗腺には分布していない**。

Point 体温調節のしくみ

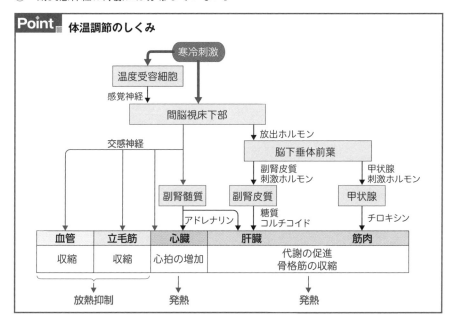

24 免疫①

問1 ④ 問2 ②

解説 問1 ① 正しい。皮膚の表面は死細胞とケラチン(タンパク質)からなる角質層に覆われており, 異物の侵入を防いでいる。特に, ウイルスは生細胞にのみ感染するため, 死細胞からなる角質層はウイルスの侵入を防ぐのに有効。

② 正しい。気管の粘膜の表面は粘液で覆われている。呼気などにより鼻や口から入り込んだ異物が粘膜に付着すると, 気管の細胞表面にある繊毛の運動により, 付着した異物は粘液ごと体外へ運び出される。

③ 正しい。汗は弱酸性で, 体表面に付着した微生物の繁殖を防ぐ。胃液は強酸性(pH2程度)で, 食物と一緒に消化管に入り込んだ微生物の多くを死滅できる。

④ 誤り。涙や唾液に含まれるリゾチームは, **細菌の細胞壁を分解する酵素**である。

ウイルスのような，細菌以外の病原体の排除にははたらかない。

⑤　正しい。ディフェンシンは，細菌の細胞膜を破壊するはたらきをもつタンパク質。

問2　②　誤り。血管中に存在する単球は，リンパ節に移動すると樹状細胞へ分化し，組織へ移動するとマクロファージへ分化する。

25　免疫②

問1　適応免疫(獲得免疫)

問2　イー⑦　ウー⑯　エー⑧　オー⑥　カー⑤　キー⑭　クー⑫

問3　④　　問4　①，④，⑥　　問5　抗原抗体反応

解説　問1　体内に侵入した異物を排除するしくみを免疫といい，非特異的に異物を排除する自然免疫と，特異的な抗原排除である適応免疫(獲得免疫)に分けられる。

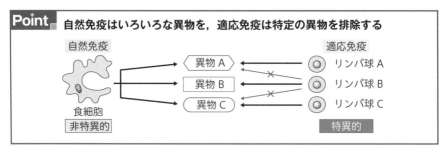

Point　自然免疫はいろいろな異物を，適応免疫は特定の異物を排除する

問2　イ．体内に侵入した異物は，好中球・樹状細胞・マクロファージなどの食作用を行う食細胞に取り込まれて分解される。これらの食細胞のうち，樹状細胞とマクロファージは，分解した異物の一部を細胞の表面にのせる抗原提示を行う。体内には多様なT細胞が存在し，抗原提示された異物に適合するT細胞のみが活性化され，その異物に対する適応免疫が開始される。

ウ，エ，ク．リンパ球のうち胸腺で分化したものがT細胞となる。T細胞には，さまざまな免疫細胞の活性化にはたらくヘルパーT細胞と，病原体に感染した細胞を直接攻撃により殺すキラーT細胞とがある。キラーT細胞による適応免疫を細胞性免疫という。一般に，移植された臓器は非自己細胞からなるため，キラーT細胞による攻撃を受ける。よって，移植臓器が生着できない拒絶反応は細胞性免疫による。

オ．B細胞は，ヘルパーT細胞からの活性化を受けると形質細胞(抗体産生細胞)へと分化し，免疫グロブリンというタンパク質からなる抗体を産生・分泌するようになる。抗体は抗原と特異的に結合し(抗原抗体反応)，抗体と結合した抗原は食細胞の食作用により排除される。抗体による適応免疫を体液性免疫という。

カ，キ．抗原が侵入すると，その抗原に特異的に反応するT細胞とB細胞は抗原の排除にはたらく。抗原排除後，はたらいた細胞のほとんどは死滅するが，一部の細胞は比較的寿命が長い記憶細胞へと分化する。記憶細胞が体内に残っている間に同じ抗原が侵入すると，1回目よりも短時間で大きな免疫反応を起こすことができ，このしくみを免疫記憶といい，この反応を二次応答という。

Point 免疫にはたらく細胞

免疫細胞の種類	おもなはたらきと特徴
好中球	非特異的な**食作用を行う。** └→ 相手を選ばない，ということ
樹状細胞	・非特異的な**食作用を行う。** ・リンパ節で単球から**分化**する。 ・**樹状。** ・**ヘルパーT細胞に異物の情報を伝える。**
マクロファージ	・非特異的な**食作用を行う。** ・組織で**単球から分化する。** ・**不定形。** ・**ヘルパーT細胞に異物の情報を伝える。**

リンパ球		
	ナチュラルキラー NK 細胞	**自然免疫**にはたらく。
	B細胞	**抗体**をつくり，**体液性免疫**にはたらく。
	T細胞	・**胸腺で分化**する。 ・ヘルパーT細胞：**適応免疫反応を促進**する。 ・キラーT細胞：**非自己物質を直接攻撃**し， 　　　　　　　　**細胞性免疫**にはたらく。

問3 樹状細胞からT細胞への**抗原提示は，リンパ節で起こる。**リンパ節には多様なT細胞が存在しているため，抗原提示がリンパ節で起こることには，その抗原に反応するT細胞を効率よくみつけられるという意義があると考えられる。

問4 リンパ球には，適応免疫にはたらくT細胞とB細胞のほか，自然免疫にはたらくNK細胞（ナチュラルキラー細胞）がある。

問5 B細胞から分化した形質細胞（抗体産生細胞）がつくる抗体は，特定の抗原にのみ結合する。この抗原抗体反応により，抗原は無毒化されたり，不活性化されたりする。

---

26 免疫③
問1　②　　問2　④　　問3　①　　問4　②

解説 問1　実験2で用いた「実験1でB系統の移植片を拒絶したA系統のマウス」の体内には，B系統マウスの細胞を異物と認識する記憶細胞が存在している。そのため，このマウスに再びB系統の皮膚片を移植すると，短期間で大きな免疫応答である二次応答が起こり，皮膚片は1回目（10日目）よりも早く脱落する。しかし，C系統の皮膚片を移植されたことはないため，体内にC系統マウスの細胞を異物と認識する記憶細

胞は存在しない。よって，C系統の皮膚片を移植すると**実験1**においてB系統の皮膚片を初めて移植されたときと同じように，10日程度で脱落する。

問2 採血した血液を静置しておくと，上澄みである**血清**と沈殿する**血ぺい**とに分かれる（**16** 参照）。

① ，② ，③ 誤り。血しょう中に含まれているフィブリノーゲン（フィブリンに変化する前の物質）は，フィブリンとなり血球とともに血ぺいとして沈殿する。

④ 正しい。血液中に含まれていた抗体は血清中に含まれる。毒ヘビに咬まれたときなど，毒素を速やかに体内から排除しなければならない場合は，予めその毒を少量投与しておいた動物から取り出しておいた，抗体を含む血清を注射して毒素を排除する**血清療法**という治療法が用いられることがある。

⑤ 誤り。予防接種には弱毒化・不活性化させた病原体である**ワクチン**が用いられる。

問3 実験3で用いた血清は，B系統マウスの移植片を拒絶したA系統マウスから採取したものなので，B系統マウスに対する抗体が含まれうる。しかし，この血清を注射したマウスは，B系統の皮膚片の脱落に，初めて皮膚片を移植された**実験1**と同じ10日間を要した。このことから，注射した血清中にはB系統マウスの細胞に対する抗体は含まれておらず，皮膚片の脱落は体液性免疫ではなく**細胞性免疫**によることがわかる。細胞性免疫において主役となるのは，細胞を直接攻撃する**キラーT細胞**である。

問4 ①花粉症と④ヘビ毒の中和は体液性免疫による。③血液凝固は血小板が関わる生体防御で免疫反応ではない。⑤胃液による異物の除去は化学的防御。②体内で生じたがん細胞は，キラーT細胞やNK細胞により攻撃・排除される。

---

27 **免疫④**
　問1 ア－② イ－⑤ ウ－⑥ **問2** ③，④
　問3 ① **問4** ①，④

解説 **問1** ア．T細胞やB細胞は，特定の1種類の異物のみを認識するように分化する。その結果，1個のリンパ球は1種類の異物にしか反応しないが，体内には多数のリンパ球が存在するため，1個体としては多様な抗原に対応できる。認識する異物を決定する過程では，自分自身の細胞や体内に存在する物質に対して反応するリンパ球も出現しうるが，そのようなリンパ球は速やかに排除されたり不活性化されたりして，自分自身に対する免疫反応は起こらないようになっている。この状態を**免疫寛容**という。

イ．ヒト免疫不全ウイルス（HIV；Human Immunodeficiency Virus）は，ヘルパーT細胞に感染し，しばらくの潜伏期間の後に細胞を破壊する。ヘルパーT細胞は，キラーT細胞とB細胞を活性化する適応免疫に必須の細胞である。そのためHIVに感染すると適応免疫が機能しなくなり，免疫機能が著しく低下する**後天性免疫不全症候群**（AIDS；エイズ）を発症する。エイズになると適応免疫が正常ならば排除できる病原体も排除できなくなり，通常では感染しない弱い病原体で発病してしまう

日和見感染が起こるようになる。

ウ．外界からの異物に対する免疫反応が生体にとって不利益をもたらす場合，この免疫反応をアレルギーといい，原因となる異物をアレルゲンという。

問2　自分自身の細胞・体成分に反応するリンパ球の排除・不活性化が正常に行われず，自身の細胞・組織が攻撃を受ける免疫異常が起こることがあり，この免疫異常を**自己免疫疾患**という。自身の関節の細胞が攻撃の標的となる③関節リウマチや，インスリン分泌細胞であるすい臓ランゲルハンス島B細胞が標的となる④Ⅰ型糖尿病は，自己免疫疾患の例である。

①　インフルエンザは，インフルエンザウイルスの感染による。

②　花粉症は，花粉に対する免疫反応が過剰に起こるアレルギーの一種である。

⑤　Ⅱ型糖尿病は，免疫異常以外の原因による糖尿病全般を指す。Ⅱ型糖尿病の原因は生活習慣，遺伝的なものなどさまざまなものがある。

問3　②　誤り。HIVに感染すると免疫機能の障害が起こるが，これは適応免疫に必要なヘルパーT細胞が破壊されることによるものである。

③　誤り。ヘルパーT細胞は体液性免疫，細胞性免疫のいずれにも必要であるため，ヘルパーT細胞が破壊されるといずれの機能も低下する。

④　誤り。ツベルクリン反応は結核菌に対する免疫記憶成立の有無を判定するもので，免疫不全の重症度を判定するものではない。

問4　急性で全身性のアレルギーをアナフィラキシーという。アナフィラキシーの原因となるアレルゲンには，食物や薬，ハチの毒などがある。アナフィラキシーによる急激な血圧低下や呼吸困難などの全身性症状をアナフィラキシーショックといい，アナフィラキシーショックが起こると死に至ることもある。

4 バイオームの多様性と分布

28 さまざまな植生
ア−③　イ−⑤　ウ−⑧　エ−⑥

解説 植生：ある場所に生育する植物すべてのまとまり。その土地の気温と降水量の影響を大きく受け，その地域の気候に応じた多様な植生が成立する。

相観：植生の外観上の様相。

優占種：植生の中で，占有している面積が最も大きく，相観を決定づける種。

Point **陸上の植生**

森林：木本が主。**降水量が多い**地域に成立する。

草原：草本が主。**降水量が少ない**地域に成立する。

荒原：植物がほとんどみられない。**降水量が極端に少ない**地域や，**気温が極端に低い地域**に成立する。

---

29 世界のバイオーム
問1　a−⑤　b−⑥　c−⑦　d−⑩　e−⑧　f−⑪　g−⑨　h−②
　　　i−①　j−④　k−③
問2　(1)　ア−⑧　イ−③　ウ−⑤　エ−⑦
　　　(2)　オ−②　カ−①　キ−④　ク−⑧
　　　(3)　ケ−④　コ−③
　　　(4)　サ−①　シ−③　ス−⑥　セ−④
問3　f

解説 問1　年降水量と年平均気温が決まると，成立するバイオームの種類を特定できる。

問2　バイオーム，気候の特徴などをまとめると次ページの表のようになる。

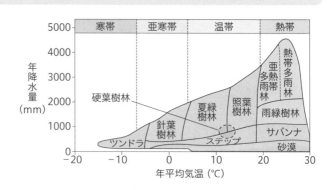

	バイオーム	気候の特徴	植生の特徴	植物例
森林	熱帯多雨林	1年中高温多湿で季節の変動が少ない。	樹高50mをこす常緑広葉樹。つる性植物など**種類数は最多**。	フタバガキ, ガジュマル
森林	亜熱帯多雨林	熱帯多雨林が成立する地域に比べ, やや気温が低くなる時期がある。	熱帯多雨林に似るが, 熱帯多雨林に比べ, 樹高がやや低い常緑広葉樹。	アコウ, ヘゴ(木生シダ)
森林	雨緑樹林	雨季と乾季がはっきりしている。	雨季に葉を茂らせ, **乾季に葉を落とす**落葉広葉樹。	チーク, コクタン
森林	照葉樹林	温帯で, 夏に降水量が多く, 冬に乾燥する。	**クチクラが発達した**, 光沢のある葉をもつ常緑広葉樹。	スダジイ, タブノキ
森林	夏緑樹林	温帯のうち比較的寒冷。	**冬に落葉**することで寒さに耐える落葉広葉樹。	ブナ, ミズナラ
森林	針葉樹林	年平均気温が0℃前後。	葉の面積が狭い**針葉樹**。構成する樹種は極端に少ない。	エゾマツ, トドマツ
森林	硬葉樹林	冬に雨が多く, 夏の乾燥が厳しい。	**クチクラが発達した**, 硬くて小さい葉をもつ常緑広葉樹。	オリーブ, コルクガシ
草原	サバンナ	降水量の少ない熱帯。	乾燥に強いイネのなかまが優占, 背丈の**低い樹木が点在**。	アカシア(低木), イネのなかま
草原	ステップ	温帯内陸部の乾燥地域。	イネのなかまが優占。	イネのなかま
荒原	砂漠	年降水量が約200mmを下回る。	乾燥に適応した植物がごくわずかに存在。	サボテン類
荒原	ツンドラ	年平均気温が−5℃以下である。	低温のため有機物の分解が進まず, **植生がほとんどみられない**。	地衣類, コケ植物

問3　木本は葉の形状から広葉樹と針葉樹とに分けられる。森林のバイオームのうち針葉樹が構成樹種であるものは針葉樹林のみで, 他のバイオームの構成樹種は広葉樹である。

解説 問1　日本は**全域において降水量が十分**(年1000mm 以上)なので成立するバイオームの種類は**年平均気温により決定**する。気温はその土地の緯度と高度によって異なる。

水平分布…緯度(**南北**)に応じたバイオームの変化

垂直分布…高度(**標高**)に応じたバイオームの変化

問2　日本には4種類のバイオームが分布する。

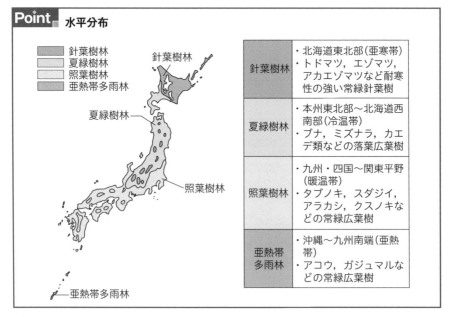

Point 水平分布

針葉樹林	・北海道東北部(亜寒帯) ・トドマツ，エゾマツ，アカエゾマツなど耐寒性の強い常緑針葉樹
夏緑樹林	・本州東北部〜北海道西南部(冷温帯) ・ブナ，ミズナラ，カエデ類などの落葉広葉樹
照葉樹林	・九州・四国〜関東平野(暖温帯) ・タブノキ，スダジイ，アラカシ，クスノキなどの常緑広葉樹
亜熱帯多雨林	・沖縄〜九州南端(亜熱帯) ・アコウ，ガジュマルなどの常緑広葉樹

問3　標高が100m上がるごとに，気温は**約0.6℃低下**する。本州中部の垂直分布は次のようになる。なお，**南斜面は太陽光が当たるため北斜面よりも暖かい**。そのため同じ山でも南斜面の方が垂直分布の**境界は高くなる**ことも理解しておこう。

●本州中部の垂直分布

垂直分布	バイオーム	植物例
高山帯 (2500 m 以上)	高山草原 (森林限界)2500m	ハイマツ，コケモモ，コマクサ
亜高山帯 (1700〜2500 m)	針葉樹林 1700m	シラビソ，コメツガ，トウヒ
山地帯 (700〜1700 m)	夏緑樹林 700m	ブナ，ミズナラ，カエデ類
丘陵帯(低地帯) (700 m 以下)	照葉樹林	シイ類，カシ類，タブノキ，クスノキ

図2中のキのバイオームは，日本中部に位置する**富士山において標高2000m付近に分布している**ことや，**北海道の低地に分布している**ことから，**コメツガやシラビソが優占種となる針葉樹林**である。本州中部では，針葉樹林が成立する垂直分布は亜高山帯と呼ばれる。

[31] 遷移

問1　土壌が全くない裸地など，生物のいない場所から始まる遷移。(28字)
問2　(1)−(B)　　(2)−(A)　　(3)−(B)
問3　（荒原→）③→④→⑤→②→①
問4　(1)　先駆植物(パイオニア植物)　　(2)　①

解説 問1，2　遷移は，その遷移がどのような土地から始まったかにより，一次遷移と二次遷移に分けられる。

Point 遷移

裸地：火山噴火後の溶岩台地や，大規模な山崩れの跡地など，全く生物を含まない土地。
一次遷移：生物がいない裸地に，新たに生物が侵入して始まる遷移。
二次遷移：埋土種子や根などを含む，土壌が存在する場所から始まる遷移。

問3　一次遷移は，日本では一般的に次の順序で進行する。

Point 日本の暖温帯での一次遷移

裸地→荒原(コケ植物，地衣類)→草原(ススキ，イタドリ)
→低木林(ヤシャブシ，ヤマツツジ)→陽樹林(アカマツ，コナラ)
→混交林(アカマツ，スダジイ，カシ類)→陰樹林(スダジイ，カシ類)

　陰樹林がいったん成立すると，その後は**大きな変化がみられなくなり**，この状態を**極相(クライマックス)という**。

問4　裸地は土壌がないため，水を保つ力や植物の成長に必要な養分も少ない。そのため，**乾燥や貧栄養といったきびしい環境に耐えられる植物しか成長できない**。このような**遷移の初期に出現する植物を**先駆植物(パイオニア植物)という。先駆植物は強光下での光合成速度が大きいという特徴をもつが，**弱光条件に強いという特徴はもたない**。この特徴は遷移の後期に出現する陰生植物でみられる。

　また，大きく重い種子をつくるのも遷移の後期に出現する植物でみられる特徴で，遷移初期の植物は**小さく軽い種子をつくる**。

5 | 生態系とその保全

32 生態系

問1　ア—⑪　イ—⑨　ウ—②　エ—⑦　オ—④　カ—⑬　キ—⑥　ク—⑤

問2　②，⑤　　　問3　①

解説 問1　生態系：ある地域の全生物と環境とを，物質循環やエネルギーの流れの観点からひとまとまりと捉えたもの。

・生物的環境（生産者・消費者・分解者）と非生物的環境とからなる。

・**作用**…**生物が非生物的環境から受ける影響**。　例）光を利用した光合成

・**環境形成作用**…**非生物的環境が生物から受ける影響**。例）ビーバーによるダム建設

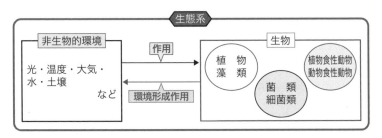

・生物間には被食・捕食の関係でのつながり（食物連鎖）があるが，実際はその関係は複雑なもの（食物網）となっている。

問2　①　鳥（生物）→種子（生物）

　　②　木本（生物）→土壌（非生物的環境）

　　③　光（非生物的環境）→植物（生物）

　　④　幼虫（生物）→植物（生物）

　　⑤　木本（生物）→光（非生物的環境）

問3　生産者：植物などの**独立栄養生物**。

　　例）イネ，ブナ

　消費者：動物などの**従属栄養生物**。

　　例）イナゴ，リス，イヌワシ

　分解者：消費者のうち，菌類・細菌類など**遺体・排出物を利用する生物**。

　　例）シイタケ，アオカビ

33 生態ピラミッド

問1　栄養段階　　問2　④

解説 問1　生態系における，**食物連鎖の各段階を栄養段階**という。食われるものを**下位**，食うものを**上位**に表す。

問2　生態ピラミッド：各栄養段階の個体数や生物量，エネルギー量などを下位のものから順に積み重ねたもの。

　　栄養段階下位のものより上位のものの方が少なくピラミッド型になることが多いが，**生態ピラミッドの種類によっては逆ピラミッド型になることもある。**

　　個体数ピラミッドは，１本の木に複数のミノムシがつくような，**大型の被食者に小型の捕食者が寄生している場合に**逆転することがある。

　　生物量ピラミッドは，植物プランクトンが生産者である水界生態系のように，**寿命が短く増殖速度の大きい小型の被食者に，寿命が長い大型の捕食者が依存している場合に**一時的に逆転することがある。

34　水界生態系の保全

問1　①　　　問2　③　　　問3　自然浄化（自浄作用）
問4　アオコ（水の華）　　　問5　富栄養化

［解説］ 問1　特定の環境にしか生息しないため，その**環境条件の指標（目安）となる生物**を指標生物という。淡水の指標生物には，次のようなものがいる。

① **きれいな水**：サワガニ，ヒラタカゲロウ
② **ややきれいな水**：ゲンジボタル，カワニナ
③ **きたない水**：タニシ，ヒル
④ **とてもきたない水**：イトミミズ，アメリカザリガニ

問2　①　汚水に含まれるタンパク質などの有機物が分解され，アンモニウムイオンが発生するため，アンモニウムイオンの濃度は上昇する。
　　②　微生物は有機物を分解するときに酸素を消費する。そのため，水中の酸素濃度は低下する。
　　③　**水中微生物が水中の有機物を酸化するときに消費する酸素量をBOD（生物学的酸素要求量）という。**有機物が多く汚染された水ではBODの値は大きくなるので誤り。

問3　有機物を含む汚水が流入しても，その量が多くなければ**下流に行くに従い有機物の濃度は低下する。**これは，**大量の水によって希釈**されたり，**分解者によって有機物が分解される**ことによるもので，自然浄化と呼ばれる。

問4，5　窒素やリンなどを含む栄養塩類が少ない湖を貧栄養湖という。貧栄養湖では，植物プランクトンは増えないため，植物プランクトンを餌とする動物プランクトンや魚も増えない。しかし，生活排水の流入などによって無機物が大量に流れ込むと，植物プランクトンが大量に発生することがある。**栄養塩類が蓄積する現象を富栄養化といい**，富栄養化によって淡水において植物プランクトンが大量に発生すると，**水面が青緑色になるアオコ（水の華）**が生じる。同様に海水では**海面が赤褐色になる赤潮**が生じる。

　　問1　生物濃縮　　問2　②　　問3　44.25(倍)

解説 問1, 2　特定の物質が，**環境中よりも生体内で高濃度になる現象を生物濃縮**と
いう。生物濃縮は，
① **生物体内で分解されない。**
② **脂溶性**であるため，いったん体内に入ると**排出されにくい。**
という特徴をあわせもつ，有機水銀や DDT などの物質で起こる。

問3　$\dfrac{〔アオサギ〕}{〔シオグサ〕}\dfrac{3.54}{0.080} = 44.25(倍)$

　　生物濃縮は，食物連鎖での**高次消費者ほど高濃度で蓄積する**ことも覚えておこう。

　　問1　ア－化石　イ－温室効果　　問2　②　　問3　①

解説 問1, 2　太陽からの放射は吸収しないが，地表からの熱(赤外線)を吸収する作
用をもつ気体を温室効果ガスと呼ぶ。**二酸化炭素，メタン，フロン**など。

問3　石油や石炭などを利用した際の排煙には**窒素酸化物**(NO_2など)や**硫黄酸化物**
(SO_2など)が含まれる。これらが雨に溶けることにより，強酸性の酸性雨が生じる。

　　問1　①　　問2　①, ④　　問3　A－南極点　B－マウナロア　C－綾里

解説 問1　①　正しい。作物を栽培したあとの休閑地を10年以上かけて回復させた自
然植生を伐採・焼却などで再度開墾し，そこでまた耕作する持続的農法を焼き畑と
いう。しかし，増産を急ぐあまり1～2年の短期間で同じ場所で焼き畑を繰り返す
と，土壌の流出や地表の乾燥が起こり，砂漠化が起こることがある。
② 誤り。サンゴは体内に共生している藻類から生育に必要な栄養分を供給されてい
る。しかし，海水温が上昇すると藻類がサンゴから離脱するようになり，栄養を得
られなくなったサンゴが死滅し白くなる。この現象を**白化現象**という。
③ 誤り。里山は人間の手により多様な環境が維持されている生態系である。特に，
雑木林は積極的に下草刈りが行われることで，極相に至る途中で遷移が停止した状
態となっており，生物の多様性は高く保たれている。

問2　人間活動により，他の地域から持ち込まれ，その土地に定着した生物を外来生物
という。人間の意図の有無や，人間に利益をもたらすか否かは関係がない。また，国
内の移動でも外来生物である。カモなどの渡り鳥やマグロなどの回遊魚は移動して生
息地を変えるが，人間活動によるものではないため，外来生物には含めない。

問3 「グラフのジグザクの形状は，植物の光合成速度の季節的な変動による」に注意する。南極点は気温が低く（覚える必要はないが-50℃～-60℃），植物が生育せず二酸化炭素濃度の変動は著しく小さい。よってＡ。マウナロアは一年中比較的温暖であるのに対し，綾里は夏と冬の気温差が大きく落葉広葉樹が優占種である。そのため，植物の光合成速度の季節変動はマウナロアでは小さく（Ｂ），綾里では大きい（Ｃ）。

38 生態系のバランス
問1 ア－増加 イ－減少 ウ－減少 問2 キーストーン種

解説 問1 ラッコはウニを餌とするので，ラッコの個体数が減少すると，捕食される量が減少するためウニの個体数は増加する。すると，ウニによる摂食量が増加するため，海藻は減少する。その結果，海藻をすみかにしていた魚やエビはすみかを失って減少する。すなわち，ラッコが減少すると，その海域の生物の種類（種の多様性）は低下する。

問2 キーストーン種：生態系のバランスを保つのに重要な役割を果たしている種。**食物網の上位にある捕食者**で，**個体数が少ないことが多い**。

39 生態系サービス
ア－③ イ－② ウ－④ エ－①

解説 人間は，森林やその周囲の環境から食料や木材など多くの利益を得ており，これらの「自然の恵み」は生態系サービスと呼ばれる。生態系サービスは役割の違いを元に，基盤サービス，供給サービス，調整サービス，文化的サービスの４種類に分けられる。生態系サービスを今後も持続的に受け続けるためにも，生態系の保全は必須である。

供給サービス 食料，燃料，木材，医薬品，水などの供給	調整サービス 地盤の保水力の上昇，局所的な災害の緩和，水質浄化など	文化的サービス レクリエーションの場の提供，自然景観などの文化的価値
基盤サービス 光合成による酸素供給，土壌の形成，水の循環など		

第4章 生物の進化

6 生命の起源と生物の進化

40 化学進化と生命の誕生
問1 ② 問2 ①，② 問3 ③
問4 ② 問5 ③

解説 問1 地球は約46億年前に誕生した。生物の化石として最も古いものが約35億年前の地層から発見されていることや，38億年前の地層から生物が存在していた痕跡がみつかっていることから，最初の生物は約40億年前に出現したと考えられている。

問2 ミラーは，原始地球の大気を想定した混合ガス(仮想原始大気)に，**加熱・火花放電・冷却**を繰り返し与え，**アミノ酸**が合成されることを確認した。これにより，生物が存在しない条件下でも雷の電気エネルギーなどにより無機物から有機物が生じる化学進化が起こることが証明された。

問3 **熱水噴出孔**…火山活動が活発な海底にみられる，熱水が噴出する割れ目。この場所は**高温や高い水圧**によって**化学反応が起こりやすい条件**となっており，熱水中に含まれるメタン(CH_4)，硫化水素(H_2S)などさまざまな無機物から有機物が生じた可能性が考えられている。

問4 **RNA ワールド説**…現在の，DNA を遺伝物質とする生物の世界(DNA ワールド)が成立する前に，**RNA を遺伝物質とする生物の世界(RNA ワールド)が存在した**とする考え。現在，**RNA を遺伝物質としてもつウイルス(RNA ウイルス)**が存在していることや，酵素のように**触媒機能をもつ RNA(リボザイム)**が存在することなどがこの説の根拠となっている。

問5 **共生説**…細胞内共生説ともいう。大型の細胞内に好気性細菌が細胞内共生したものがミトコンドリアとなり，シアノバクテリアが細胞内共生したものが葉緑体となったとする考え。

根拠となるミトコンドリアと葉緑体に共通する特徴
① 独自の DNA をもち，分裂によって増える。
② 内外が独立した二重膜構造をもつ。

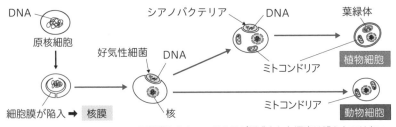

※核膜とミトコンドリアが形成された順序は明らかではない。

41 生物の出現とその変遷

　問1　①　　問2　①　　問3　④　　問4　④

解説 問1，2　イ〜オ．生命が出現したころの**大気中には酸素（O₂）は存在していな**

かったため，初期の生物は酸素を用いない嫌気性の原核生物であったと考えられる。

O₂は，**O₂発生型の光合成を行うシアノバクテリア**などによってつくられたもので

ある。なお，クロレラは真核生物であり，出現したのは約21億年前以降である。

　カ．細胞小器官をもつ真核生物の化石は，約21億年前の地層から発見されている。

問3　**エディアカラ生物群**：先カンブリア時代の末期（6.2〜5.4億年前）の多細胞生物の

化石。堅い殻や骨格をもつものがいないことから，**この時期には捕食者となる動物食**

性生物がいなかったと考えられる。

問4　シアノバクテリアや藻類などが行う光合成により，大気中に放出されたO₂から，

カンブリア紀末頃に**オゾン（O₃）層**が形成された。**オゾン層**は，太陽から降り注ぐ**生**

物にとって有害な紫外線を吸収するため，生物が陸上で生活できるようになった。

Point 　　**先カンブリア時代（46億年前〜5.4億年前）のおもなできごと**

　　38億年前…生命体（嫌気性細菌）の誕生

　　27億年前…シアノバクテリア繁栄

　　21億年前…真核生物出現

　　10億年前…多細胞生物出現

　　6.5億年前…エディアカラ生物群繁栄

Point 　　**古生代（5.4億年前〜2.5億年前）**

　　カンブリア紀…カンブリア紀の大爆発，バージェス動物群繁栄

　　→**オルドビス紀**…オゾン層の形成，陸上植物の出現

　　→**シルル紀**…あごのある魚類の出現

　　→**デボン紀**…両生類の出現，裸子植物の出現

　　→**石炭紀**…は虫類の出現，木生シダの繁栄

　　→**ペルム紀（二畳紀）**…三葉虫，紡錘虫の絶滅

42 中生代

問1 アー裸子 イーは虫 ウージュラ エー白亜

問2 アンモナイト

解説 中生代には**裸子植物**と恐竜などの**大型は虫類**が繁栄した。

> **Point**
>
> **中生代（2.5億年前〜6600万年前）**
>
> トリアス紀（三畳紀）…哺乳類の出現
>
> →ジュラ紀…恐竜の繁栄，鳥類の出現
>
> →白亜紀…被子植物の出現，恐竜の絶滅

43 新生代

問1 アー被子 イー哺乳類 ウー鳥類

問2 ②

解説 新生代には**被子植物**と**哺乳類**が繁栄した。

> **Point**
>
> **新生代（6600万年前〜現在）**
>
> 古第三紀…霊長類（サル類）の出現
>
> →新第三紀…人類の出現
>
> →第四紀…現生人類（ホモ・サピエンス）の誕生

44 突然変異

問1　ア－突然変異　イ－配偶子　　問2　③

問3　(1)　倍数体　　(2)　異数体

問4　①－G　②－S　③－S　④－G

解説 問1　ア．同種の個体間でも形質には違いがみられ，この違いを変異という。変異には，子に遺伝する遺伝的変異と，遺伝しない環境変異がある。遺伝的変異は，DNA の遺伝情報の変化である突然変異によって生じる。突然変異は，塩基配列レベルの変化である遺伝子突然変異と，染色体の数や構造の変化である染色体突然変異に分けられる。

> **Point**
>
> **変異の種類**
>
> 環境変異…生育の過程で環境の影響を受けることによって生じた，遺伝しない変異。
> 遺伝的変異…突然変異(DNA の変化)により生じる，遺伝する変異。
> ┌ 遺伝子突然変異：塩基配列の変化。置換(塩基が別の塩基に置き換わる)，欠失(塩基が失われる)，挿入(新しい塩基が入り込む)がある。
> └ 染色体突然変異：染色体の構造や数の変化。
> 　┌ 構造の変化：欠失，重複，逆位，転座
> 　└ 数の変化：倍数性(染色体数が3倍，4倍などに変化する)，
> 　　　　　　　異数性(染色体数が数本増減する)

イ．個体を構成する体細胞に対し，次世代をつくるための特殊な細胞を生殖細胞という。生殖細胞のうち，精子と卵，精細胞と卵細胞など，合体により新個体を生じる細胞を配偶子といい，配偶子どうしの合体を接合という。突然変異は体細胞と生殖細胞の両方で生じうるが，子に遺伝するのは生殖細胞で生じた変異のみである。

問2　生物学的な意味での「進化」とは，**生物集団のもつ遺伝子の構成が，世代を重ねて受け継がれていく過程で変化していくこと**である。

①　練習を積むことで選手の筋肉量が増加したことなどによる変化であり，世代を重ねて変化したものではないため進化ではない。

②　1個体における発生過程に伴い，発現する遺伝子の種類が変化した結果であり，世代を重ねて変化したものではないため進化ではない。

③　オオシモフリエダシャクがとまる木の幹が，煤煙により黒っぽくなった。それにより，体色の黒い個体は目立たず捕食を受けにくいために有利になり，体色の白い個体は目立ちやすく捕食を受けやすいために不利になった。その結果，世代を重ねるごとに有利な形質である黒い体色を決定する遺伝子の割合が増加し，体色の黒いオオシモフリエダシャクが増加した。集団の遺伝子の割合が世代を重ねるごとに変化した，進化の一例である。

問3　(1)　染色体の数が，3倍，4倍などに増える染色体突然変異(倍数性)が起きた個体を倍数体という。

(2) 染色体の数が，元よりも数本増減する染色体突然変異（異数性）が起きた個体を異数体という。

問4　① 精原細胞は，精子を形成する過程で出現する，生殖細胞の一種。

② 造血幹細胞は，骨髄に存在し血球のもととなる細胞であり，次世代を生じる細胞ではない。体細胞の一種。

③ NK 細胞は，白血球の一種であり，次世代を生じる細胞ではない。体細胞の一種。

④ 二次卵母細胞は，卵を形成する過程で出現する，生殖細胞の一種。

45　遺伝子と染色体

問1　ア―⑪　イ―⑫　ウ―⑩　エ―⑨　オ―⑧　カ―⑮　キ―⑥
　　ク―③　ケ―①　コ―②

問2　④

解説　問1　ア〜エ．真核生物の DNA は，球状のタンパク質であるヒストンに巻き付き，ヌクレオソーム構造をとる。ヌクレオソームが多数連なった繊維状の構造はクロマチン繊維と呼ばれる。染色体は，クロマチン繊維がさらに凝縮してできた構造体である。

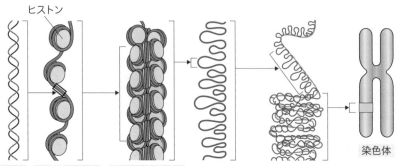

ヒストン

DNA　ヌクレオソーム　クロマチン繊維　染色体

オ，カ．精子や卵などの**生殖細胞に含まれる全染色体**をまとめてゲノムと呼ぶ（**10** ゲノムと遺伝情報の発現を参照）。よって，精子と卵が受精して生じる**受精卵**は，精子と卵がそれぞれ1セットずつもっていたゲノム，計2セットを併せもつ。

キ〜コ．**体細胞分裂**で生じる2個の娘細胞は，**母細胞と全く同じ染色体**をもつ。**減数分裂**で生じる4個の娘細胞は，**母細胞のもつ染色体の半分**をもつ。

46 減数分裂
問1　ア−2　イ−4　ウ−対合　エ−二価染色体　オ−乗換え
問2　②　　問3　④

解説 問1　減数分裂の特徴は次の通り。

① 減数分裂は，**第一分裂**と**第二分裂**の2回の分裂により，娘細胞が4個生じる。
② 第一分裂では，**相同染色体が対合**し，二価染色体を形成する。
③ **第一分裂前期**に，相同染色体の間で乗換えが起こることがある。

> **Point** **減数分裂は，2回の連続した分裂が起こる**
>
>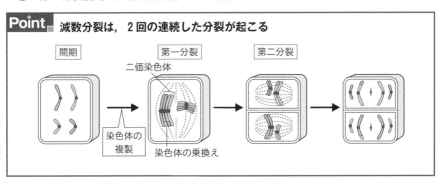

問2，3　2*n*＝6の母細胞が減数分裂を行うと，**染色体数が半減した*n*＝3の娘細胞**が生じる。

　母細胞がもつ1対（2本）の相同染色体から，どちらか1本が娘細胞へ渡されるので，娘細胞の染色体の組合せは，$2^3＝8$（通り）となる。

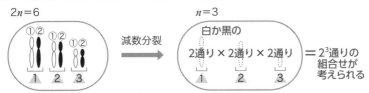

47 連鎖と独立
問1　ア−③　イ−①　ウ−④　カ−③　　問2　エ−⑤　オ−④

解説 問1　対立遺伝子（*A*と*a*，*B*と*b*など）は，相同染色体上の同じ位置（遺伝子座）に存在する。よって，同じ遺伝子座に*A*と*B*や*a*と*b*が位置している②や⑤はありえない染色体である。

　「連鎖」とは，2対の対立遺伝子が同じ染色体上に存在している状態を指す。①の状態は「*A*と*B*，*a*と*b*がそれぞれ連鎖している」と表現され（　イ　），③の状態は「*A*と*b*，*a*と*B*がそれぞれ連鎖している」と表現される（　ア　）。

　「独立」とは，2対の対立遺伝子が異なる染色体上に存在している状態を指す。つまり，④が独立の状態を表す（　ウ　）。このとき，F₁（*AaBb*）がつくる配偶子の遺伝子型とその分離比は，

$AB:Ab:aB:ab=1:1:1:1$ となり，配偶子が合体して生じる F_2 の表現型とその分離比は，$[AB]:[Ab]:[aB]:[ab]$ $=9:3:3:1$ となる（ エ ）。

	AB	Ab	aB	ab	
AB	〔AB〕	〔AB〕	〔AB〕	〔AB〕	← F_2
Ab	〔AB〕	〔Ab〕	〔AB〕	〔Ab〕	エ
aB	〔AB〕	〔AB〕	〔aB〕	〔aB〕	
ab	〔AB〕	〔Ab〕	〔aB〕	〔ab〕	

　減数分裂では，対合した**相同染色体の間で染色体の交叉**，すなわち乗換えが起こることがある（ **46** 減数分裂を参照）。連鎖した遺伝子間で乗換えが起こると，**連鎖していた遺伝子の組合せの変化**，すなわち組換えが起こる。遺伝子間で**乗換えが起こらない場合**，その二遺伝子は完全連鎖の状態にあると表現し，遺伝子間で**乗換えが起こる場合**，その二遺伝子は不完全連鎖の状態にあると表現する。

　遺伝子 A と B，a と b が完全連鎖した F_1 がつくる配偶子は $AB:ab=1:1$ である。よって，これらが受精して生じる F_2 の表現型とその分離比は，$[AB]:[Ab]:[aB]:[ab]=3:0:0:1$ となる（ オ ）。

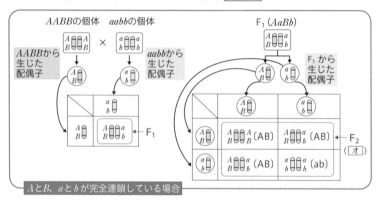

A と B，a と b が完全連鎖している場合

　遺伝子 A と B，a と b が不完全連鎖した F_1 がつくる配偶子は乗換えが起こるため，減数分裂の途中で遺伝子のペアが変化し A と b，a と B が連鎖した染色体も生じる（ カ ）。

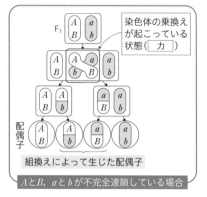

A と B，a と b が不完全連鎖している場合

---

48 染色体地図
　問1　AB 間 -6%　BC 間 -16%　AC 間 -10%　**問2**　②

解説 問1 組換え価とは，すべての配偶子のうち，組換えによって生じた配偶子の割合(%)を指す。

> **Point** 組換え価
>
> $$組換え価(\%) = \frac{組換えで生じた配偶子数}{全配偶子数} \times 100(\%)$$

ただし，卵や精子といった配偶子を観察しても，その遺伝子型はわからないため，ヘテロ接合体を潜性ホモ個体と交配し，得られた子の表現型から組換え価を求める。このような，**潜性ホモ個体との交配を検定交雑**という。

> **Point** 検定交雑
>
> ある個体(X)と潜性ホモ個体との交配。
> →得られる子の表現型とその分離比は，Xから生じた**配偶子の遺伝子型とその分離比に一致する。**

$AaBb$ と $aabb$ の交配(検定交雑)の結果得られた子の表現型とその分離比は，$AaBb$ から生じた配偶子の遺伝子型とその分離比に一致するので，$AaBb$ から生じた配偶子は $AB : Ab : aB : ab = 47 : 3 : 3 : 47$。**4種類の配偶子のうち，数が少ない2種類は組換えによって生じたもの**であるので，組換えによって生じた配偶子は Ab と aB。よって，

$$AB 間の組換え価(\%) = \frac{aB + Ab}{全配偶子数} \times 100(\%) = \frac{3+3}{47+3+3+47} \times 100(\%) = 6(\%)$$

同様に，$BbCc$ から生じた配偶子は，$BC : Bc : bC : bc = 21 : 4 : 4 : 21$。組換えによって生じた配偶子は数が少ない Bc と bC。よって，

$$BC 間の組換え価(\%) = \frac{Bc + bC}{全配偶子数} \times 100(\%) = \frac{4+4}{21+4+4+21} \times 100(\%) = 16(\%)$$

同様に，$AaCc$ から生じた配偶子は，$AC : Ac : aC : ac = 9 : 1 : 1 : 9$。組換えによって生じた配偶子は数が少ない Ac と aC。よって，

$$AC 間の組換え価(\%) = \frac{Ac + aC}{全配偶子数} \times 100(\%) = \frac{1+1}{9+1+1+9} \times 100(\%) = 10(\%)$$

問2 組換えは，遺伝子間の距離が離れているほど起きやすい。すなわち，**組換え価の大きさ(%)は遺伝子間の距離がどれだけ離れているかを表す。** 組換え価をもとに，遺伝子が染色体上でどのように位置しているかを表した図を**染色体地図**という。

問1より，それぞれの遺伝子間の組換え価は AB 間が6%，BC 間が16%，AC 間が10%。よって**組換え価が最も大きい BC が染色体上で最も離れており，A は B と C の間に位置している**といえる。また，AB 間6%，AC 間10%であることから，A は C よりも B 寄りに位置していることがわかる。よって，これらの染色体地図は右図のようになる。

49 進化のしくみ
問1　ア－交配　イ－生殖　ウ－生殖的隔離　エ－自然選択（自然淘汰）
　　オ－遺伝的浮動
問2　小進化　　問3　地理的隔離　　問4　適応進化　　問5　中立進化

解説　問1　ア，イ．卵と精子や，卵細胞と精細胞の合体により新個体（子）をつくることを交配という。交配により子孫を残していくことができる生物の集団，すなわち生殖能力をもつ子をつくることができる生物の集団を種という。

ウ．同じ種に属していた生物が，交配を行えなくなったり，交配しても生殖能力をもつ子をつくることができなくなったりすることを，生殖的隔離という。つまり，生殖的隔離が生じているということは新しい種が生じる種分化が起きた，ということである。

エ．特定の形質をもつ個体がある環境で他個体より生存や繁殖に有利となる場合，その個体は次世代により多くの子孫を残すことができる。その結果，集団内の遺伝子頻度が，有利な形質を決定する遺伝子が増加する方向へ変化することを自然選択（自然淘汰）という。

オ．生存に有利でも不利でもない遺伝子や形質は，自然選択の上で中立である，という。中立である遺伝子は，次世代に受け継がれる際にランダムに選ばれるため，遺伝子頻度は偶然によって変動する。このように，集団内の遺伝子頻度が偶然によって左右されて変化することを遺伝的浮動という。

問2　集団内の遺伝子頻度が変化したり，個体の形質が変化したりしても，新しい種の形成には至らない進化を小進化という。一方，種分化以上の大規模な形質の変化を伴う進化を大進化という。

問3　同種の集団が海や山などの障壁に阻まれて分断され，分断された2つの集団間で自由な交配が行えなくなると，その2つの集団の遺伝子プールは分断されることになる。このような現象を地理的隔離という。

問4，5　自然選択により，環境に適応した形質をもつ集団へと進化していくことを適応進化という。一方，自然選択を受けない中立的な変異が，遺伝的浮動により集団内で広まって起こる進化を中立進化という。

50 適応進化の例
ア－②　イ－②　ウ－①

解説　ハチの口吻は，長いほど花筒の奥の蜜を吸いやすいため，長くなる方向へと進化する。一方，植物の花筒は短いとハチにとっては蜜を吸いやすいが，ハチが奥まで入り込まないのでハチのからだに花粉が付きにくく，植物の繁殖にとっては不利となる。花筒が長いと，ハチは花筒の奥まで入り込まないと蜜が吸えないが，入り込んだハチに花

粉が付きやすく，植物の繁殖にとっては有利となる。

　この結果，ハチの口吻と花筒が，一方が長くなると他方が更に長くなるといったように相互作用により進化が進む。このような，**複数の種が，互いに生存や繁殖に影響を及ぼしあいながら進化する現象**を共進化という。

蜜は花筒の奥にたまっている

花筒が長いと，
ハチは蜜を吸うために奥まで入り込むため，ハチのからだに花粉が付きやすい
→植物にとって繁殖に有利

花筒が短いと，
ハチは花筒の奥まで入り込まないため，ハチのからだに花粉が付きにくい
→植物にとって繁殖に不利

〔51〕集団遺伝
問1　①，④　　**問2**　(1)　0.8　　(2)　32%

解説　問1　まず，ハーディ・ワインベルグの法則が成立するための5条件を覚えよう。

Point **ハーディ・ワインベルグの法則**

　次の5条件が成立している集団では，世代を重ねても遺伝子頻度は変化せず，遺伝子頻度が$(A, a) = (p, q)$（ただし$p + q = 1$）である集団の遺伝子型頻度は，$(AA, Aa, aa) = (p^2, 2pq, q^2)$となる。
① **集団が十分に大きく，**※**遺伝的浮動の影響を無視できる。**
② **突然変異が起こらない。**
③ **個体の移出入がない。**
④ **交配が任意で行われる。**
⑤ **自然選択がはたらかない。**
　※遺伝的浮動…偶然による遺伝子頻度の変化

問2　(1)　「ハーディ・ワインベルグの法則が成り立つ」とあるので，顕性遺伝子である茶色い羽毛の遺伝子をA，潜性遺伝子である白い羽毛の遺伝子をaとし，遺伝子頻度を$(A, a) = (p, q)$（ただし，$p + q = 1$）とすると，遺伝子型頻度は

$$(AA, Aa, aa) = (p^2, 2pq, q^2)$$

とおける。

　白い羽毛となる遺伝子型はaaのみであるので，白い個体の割合(4%)とaaの遺伝子型頻度(q^2)は等しい。よって，

$$4 (\%) = \frac{4}{100} = \left(\frac{2}{10}\right)^2 = q^2$$

$$\therefore \quad q = \frac{2}{10} = 0.2$$

$p+q=1$ なので，$p=0.8$

(2) 遺伝子頻度が$(A, a)=(0.8, 0.2)$であるので，遺伝子型頻度は，

$(AA, Aa, aa)=(0.8^2, 2\times0.8\times0.2, 0.2^2)=(0.64, 0.32, 0.04)$

よって，ヘテロ接合体(Aa)の割合は32%となる。

[52] 分類階級

問1 ア-リンネ　イ-属　ウ-目　エ-門　オ-ラテン　カ-属名
　　キ-種小名
問2 二名法

解説 ア〜エ．生物の分類階級は，大きいほうから順に，

ドメイン＞界＞門＞綱＞目＞科＞属＞種

となる。なお，ヒトは「真核生物ドメイン　動物界　脊索動物門　哺乳綱　霊長目
ヒト科　ヒト属　ヒト」と分類される。

　「脊椎動物」というのは，門と綱の間の分類階級である「脊椎動物亜門」を指す。

オ〜キ．二名法：生物の正式名称である**学名**を，属名と種小名を連ねて表す方法。

・リンネが考案した。

・ラテン語で表記する。

　例）ヒトの学名　*Homo sapiens*
　　　　　　　　 属名　種小名

[53] 分子系統樹

問1　⑥　　　**問2**　③

解説 生物の類縁関係を樹のように表した図を**系統樹**という。

Point　　**分子系統樹**

分子時計：DNAやタンパク質などの**分子に生じる変化(分子進化)の速度**。
　→同一分子であれば，生物種によらず基本的に一定である。
分子系統樹：分子進化に基づいてつくられた系統樹。
　→2種がもつ同一分子を比較したとき，**違いが少ない(相同性が高い)ほど共通祖先
　からの分岐は近年**である。

問1　表は，3種の生物が共通にもつタンパク質のアミノ酸配列を，2種間で比較した
ときの違いの数である。**違いの数が少ないほど，共通祖先から分岐してからの時間は
短い**ので，違いが最も少ない(17個) X と Y が，分岐してからの時間が最も短い
　ア　と　イ　のいずれかである。

　次に，X・YとWおよびZの違いを見ると，X・YとWは，平均 $\dfrac{26+29}{2}=27.5$(個)
の違いがあり，X・YとZは，平均 $\dfrac{69+66}{2}=67.5$(個) の違いがあることから，W
がX・Yとの分岐が近年である　ウ　，ZがX・Yとの分岐してからの時間が長い
　エ　であることがわかる。

問2　XとYの間の**アミノ酸の違いの数は17個**。これは，XとYが共通祖先より分岐し

たのちに，おのおの$\dfrac{17}{2}=8.5$（個）ずつアミノ酸置換が起きたためである。よってα

は8.5。同様に，X・YとWは**平均27.5個の違い**があるが，これはX・YとWが共通

祖先より分岐したのちに，おのおの$\dfrac{27.5}{2}=13.75$（個）ずつアミノ酸置換が起きたた

めである。よってβは最も近い14（③）を選ぶ。

　　問われていないが，γも求めてみよう。

　　　X・Y・WとZは平均$\dfrac{69+66+71}{3}\fallingdotseq68.7$（個）の違いがある。これは，X・Y・W

とZが共通祖先より分岐したのちに，おのおの$\dfrac{68.7}{2}\fallingdotseq34.4$（個）ずつアミノ酸置換が

起きたためである。よってγは34.4となる。

> **54**　**3ドメイン説**
> 問1　アー原核　イー真核　ウー塩基　エー r（リボソーム）
> 問2　A－細菌（バクテリア）ドメイン
> 　　B－アーキア（古細菌）ドメイン　C－真核生物ドメイン
> 問3　①－C　②－C　③－B　④－A　⑤－C　⑥－B

解説　問1　**3ドメイン説**：すべての生物を，細菌（バクテリア）ドメイン，アーキア（古細菌）ドメイン，真核生物ドメインの3つに分類する。ウーズが考案した。

問2　全生物が共通にもつ分子である**rRNAの塩基配列**の解析結果から，細菌と〔アーキア・真核生物〕は約38億年前に分岐し，そののち約24億年前にアーキアと真核生物の分岐が起きたことがわかった。すなわち，細菌とアーキアはともに原核生物であるが，**アーキアは細菌よりも真核生物に近縁**である。

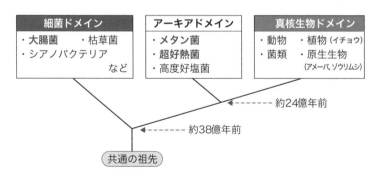

問3　3ドメイン説では，原核生物は細菌ドメインとアーキアドメインとに分けられる。原核生物のほとんどは細菌ドメインに属し，アーキアドメインにはメタン菌（メタン生成菌），超好熱菌，高度好塩菌など**ごく一部の原核生物**が属する。

55

植物の分類
a－② b－① c－④ d－③

解説 陸上に進出した植物は，水中
と異なり**乾燥に対する適応**や，浮力
がないため**植物体を支えるしくみ**が
必要となった。

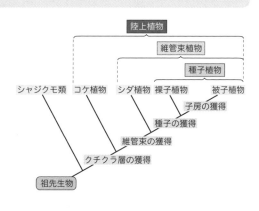

a．陸上植物は，**蒸発による水の損
失**を防ぐために，植物体表面に**ク
チクラ層**をもつ。

b．コケ植物以外の陸上植物は，**水
や同化産物の輸送通路**として維管
束をもつ。維管束は，**浮力のない
陸上で植物体を支持する機能**もも
つ。

c．裸子植物や被子植物は，**乾燥などの厳しい環境に強い種子**を形成するようになった
種子植物というグループである。また，種子植物は受精の際に精細胞を**花粉管によっ
て卵細胞へと運ぶ**ので，**受精の際に水を必要とせず**，この点でも乾燥に対する適応が
みられる。

d．被子植物の**胚珠は子房で包まれており**，子房に包まれておらずむき出しである**裸子
植物の胚珠よりも乾燥しにくい**といえる。

56

動物の分類
問1 A－刺胞動物 B－軟体動物 C－節足動物 D－脊索動物
問2 (1) ③ (2) ⑤ (3) ②

解説 動物界の各門の分類基準は，次ページの**Point**で確認しよう。

問2 (1) 冠輪動物の多くは，発生過程で**トロコフォア幼生**という形態を経る。

(3) 棘皮動物と脊索動物の**原口はともに肛門になる**。陥入した原腸が開口し，原口と
は別の部位に口が生じる。

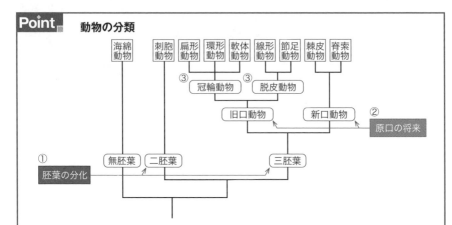

Point 動物の分類

① 海綿動物は**胚葉が分化しておらず**，それ以外の動物は**胚葉が分化**している。
胚葉分化がみられる動物のうち，刺胞動物は**二胚葉が分化**し，**それ以外の動物は三胚葉が分化**する。
② 三胚葉が分化する動物は，**原口が将来口になる**旧口動物と，**原口が将来肛門になる**新口動物の２つのグループに分けられる。
③ 旧口動物は，**脱皮により成長**する脱皮動物と，**脱皮せずに成長**する冠輪動物の２つのグループに分けられる。脱皮動物には線形動物と節足動物が含まれる。冠輪動物には扁形動物と環形動物，軟体動物が含まれる。

---

57 ヒトの進化
問1 ア−霊長類 イ−類人猿 ウ−アフリカ 　問2 ③ 　問3 ④, ⑤

解説 ヒトはサルから進化した。ヒトだけにみられる特徴を確認しておこう。

Point ヒトの進化

霊長類：ヒトやサルのなかまが属する分類群。
　新生代はじめに食虫類（ツパイのなかま）から出現。
　樹上生活に適応した特徴をもつ。
　　例）拇指対向性の獲得，かぎ爪から平爪へ変化，両眼視による立体視，昼行性
類人猿：尾をもたないサル。
　新第三紀はじめに出現。
ヒト（人類）：直立二足歩行を行うサル。
　直立二足歩行に起因する特徴をもつ。
　　例）・大後頭孔が真下に位置。（より重い頭部を支えられる）
　　　・脊椎骨がＳ字状。（歩くときのクッション）
　　　・骨盤幅が広い。（体重の受け止め）
　　　・かかとの発達による土踏まずの形成。

50

問1．2　ア．ヒトを含めたサルのなかまを霊長類という。初期の霊長類は，現生の半樹上性動物であるツパイ類に近い形態と習性をもっていたと考えられる。

イ．尾をもたないサルを類人猿という。類人猿にはヒトを含めない。

　現生類人猿…テナガザル，オランウータン，ゴリラ，チンパンジー，ボノボ。

ウ．直立二足歩行を行うサルをヒト（人類）という。最古のヒトは，アフリカで700万年前に出現したと考えられている。

ツパイ

問3　①，②はヒトではみられない，類人猿にみられる特徴。③，⑥は類人猿とヒトで共通にみられる特徴。④，⑤はヒトではみられるが類人猿にはみられない特徴。

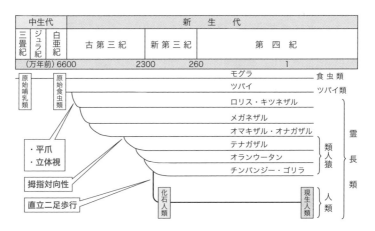

第5章 生命現象と物質

10 細胞と分子

58 生体構成物質
問1 ⑥ 問2 ③ 問3 ⑤ 問4 ④

解説 問1 生体構成物質のうち，**最も多く含まれる物質が水である**ことは，**すべての生物で共通**である。2番目に多く含まれる物質は生物の種類によって異なる。**植物で2番目に多く含まれる物質は炭水化物**である。これは**細胞壁がセルロースという炭水化物**であるためである。

問2 ① **ホルモン**としてはたらくタンパク質。

② **筋収縮**などにはたらくタンパク質。

③ アデニン(塩基)とリボース(糖)からなる物質で，**タンパク質ではない**。ATP(アデノシン三リン酸)の成分。

④ 細胞膜などに存在し，**能動輸送**にはたらくタンパク質。

⑤ **抗体**としてはたらくタンパク質。

⑥ DNA合成を触媒する**酵素**。酵素はすべてタンパク質からなる。

問3 核酸は**DNA(デオキシリボ核酸)** と**RNA(リボ核酸)** の2種類がある。

① DNAは常に**2本鎖**であるが，**RNAは1本鎖**である。

② 真核生物も原核生物も，すべての生物は遺伝物質として**DNA**をもち，タンパク質合成の際には**RNA**がはたらく。

③ 翻訳の際には，リボソームと結合した**mRNA(伝令RNA)** に**tRNA(転移RNA)** がアミノ酸を運搬する。リボソームは，**rRNA(リボソームRNA)** とタンパク質からなる。

④ 真核生物では，RNAは核内で合成されたあと，核膜孔を通って**核の外(細胞質)** へ移動する。また，原核細胞には核は存在せず，**DNAもRNAも細胞質に存在**する。

⑤ 核酸は**ヌクレオチド**を単位とする。ヌクレオチドは糖に塩基とリン酸が結合したものである。DNAは**デオキシリボース**，RNAは**リボース**をそれぞれ糖として含む。

問4 細胞膜や細胞小器官の膜は生体膜と総称され，**リン脂質**を主成分とする。**61** 参照。

59 細胞の構造とはたらき
問1 アーj イーg ウーh エーc オーk カーi
　　キーa クーd ケーb コーf
問2 アー⑥ イー④ ウー⑩ エー③ オー⑦ カー①
　　キー⑧ クー② ケー⑤ コー⑨
問3 ア，キ，コ

解説 問1，2　細胞内の構造体については，電子顕微鏡像とそれぞれの機能をおさえておこう。

核：染色体…DNAとヒストンからなる。

　核小体…rRNA（リボソームRNA）合成の
　　場。

　核膜…内膜と外膜が核膜孔の部分でつなが
　　る，**連続した二重膜構造**。

ミトコンドリア：**呼吸**を行い，ATPを合成。
　二重膜構造。

葉緑体：**光合成**の場。光合成色素として**クロ
　ロフィル**を含む。**二重膜構造**。

ゴルジ体：物質の**分泌**などにはたらく。

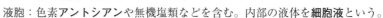

液胞：色素**アントシアン**や無機塩類などを含む。内部の液体を**細胞液**という。

中心体：**紡錘体**の形成にはたらく。

リボソーム：**タンパク質合成**の場。**rRNAとタンパク質**からなる。

小胞体：核膜とつながった袋状の細胞小器官。物質の輸送路としてはたらく。リボソー
　ムが付着しているもの（**粗面小胞体**）と付着していないもの（**滑面小胞体**）がある。

細胞膜：細胞内外の境界膜。**リン脂質**と**タンパク質**から構成される。

細胞壁：植物細胞の形態の維持にはたらく。**セルロース（炭水化物）が主成分**。

細胞質基質（サイトゾル）：細胞小器官の間を満たす液体。発酵や解糖系など，**さまざ
　まな化学反応の場**。

問3　原核細胞も遺伝物質としてDNAをもつが，核膜はなく，DNAは細胞質に存在
　する。また，原核細胞は細胞壁をもつが，植物細胞と異なり主成分はセルロースでは
　ない。

Point ▎**真核細胞（動物・植物）と原核細胞（細菌）の比較**

	動物	植物	細菌
核膜	○	○	×
ミトコンドリア	○	○	×
葉緑体	×	○	×
中心体	○	※△	×
ゴルジ体	○	○	×

	動物	植物	細菌
小胞体	○	○	×
リボソーム	○	○	○
細胞膜	○	○	○
細胞壁	×	○	○

○：存在する　×：存在しない　△：一部存在する
※コケ植物やシダ植物などの精子をつくる植物の細胞には存在するが，種子植物の細
　胞には基本的に存在しない。

60 細胞骨格

問1　アーアクチンフィラメント　イー中間径フィラメント　ウー微小管
　　エー中心体
問2　ミオシン　　問3　ダイニン，キネシン
問4　(1)　イ　　(2)　ウ　　(3)　ア

解説 細胞質基質に存在する，**タンパク質からなる繊維状構造**を細胞骨格という。真核細胞がもつ細胞骨格には，次の**Point**にまとめた**3種類**がある。

Point　細胞骨格

	アクチンフィラメント	中間径フィラメント	微小管
細胞骨格	アクチン ‡7nm	↕10nm	チューブリン ↕25nm
はたらき	筋収縮，原形質流動	細胞や核の形を保つ役割	細胞分裂時における染色体の分配(紡錘糸)，繊毛運動，べん毛運動

問2，3　モータータンパク質：ATPのエネルギーを利用して，細胞骨格に沿った運動をするタンパク質。

　　アクチンフィラメント上を運動するミオシン，微小管上を運動するダイニンとキネシンの3種類がある。

---

61 生体膜の構造と特徴

問1　A－②　B－⑥
問2　アーリン脂質　イー選択的透過性　ウーチャネル　エー受動輸送
　　オーアクアポリン(水チャネル)　カー能動輸送　キーポンプ
　　クーエキソサイトーシス　ケーエンドサイトーシス　コー小胞体
　　サーゴルジ体
問3　①

解説 問2　ア～キ．生体膜は厚さ5～6nmで，リン脂質とタンパク質からなる。リン脂質は**親水性のリン酸基を外側**に，**疎水性の脂肪酸鎖を内側**に向けた**二重層構造**をとる。タンパク質はリン脂質に埋め込まれたように存在し，物質輸送にはたらくもの，受容体としてはたらくもの，細胞接着

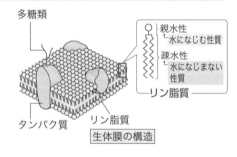

多糖類

親水性
└水になじむ性質
疎水性
└水になじまない性質
リン脂質

タンパク質　　リン脂質

生体膜の構造

にはたらくものなどさまざまな種類がある。生体膜は，物質輸送にはたらくタンパク質が存在するため，**物質により透過性が異なる**選択的透過性を示す。

Point **物質輸送にはたらく膜タンパク質**

　チャネル：特定の物質を，**濃度勾配に従って通す**管状のタンパク質。
　　受動輸送を行う。
　　　例）**アクアポリン（水チャネル）**
　ポ ン プ：特定の物質と結合し，**濃度勾配に逆らって**膜の反対側へ運ぶタンパク質。
　　能動輸送を行う。
　　　例）**ナトリウムポンプ**

　ク〜サ．細胞膜の変形をともなう物質輸送には，**物質を放出する**エキソサイトーシスと，**物質を取り込む**エンドサイトーシスとがある。

　　エキソサイトーシス：物質を含む**小胞を細胞膜と融合**させ，**物質を細胞外へ放出**する輸送。タンパク質を細胞外へ放出するときには，リボソームで合成された**タンパク質は小胞体へ入り，小胞体からゴルジ体，ゴルジ体から細胞外へと移動**する。

　　エンドサイトーシス：物質を**細胞膜ごと細胞内へ包み込むように取り込む**輸送。マクロファージや樹状細胞の**食作用はエンドサイトーシスの一種**である。

問3　アミラーゼは**細胞外でデンプン（アミロース）の分解にはたらく酵素**であるため，細胞内で合成された後，エキソサイトーシスにより細胞外へ輸送される。

②　**赤血球内に存在し，酸素運搬にはたらく**タンパク質。

③　真核生物の**核内で，DNAと結合して染色体を構成する**タンパク質。

---

62 **細胞と浸透現象**

　問1　ア-細胞壁　イ-細胞膜
　問2　原形質分離
　問3　B　　問4　A

解説 問1，2　植物細胞は，**半透性の細胞膜**（　イ　）の外側に，**全透性の細胞壁**（　ア　）をもつ。そのため，高張液（濃度が高く，細胞よりも高い浸透圧をもつ溶液）に浸すと細胞から水が出て**細胞膜で囲まれた部分は小さくなる**が，**細胞壁の形は変わらない**ので，**細胞膜と細胞壁とが離れる原形質分離の状態**となる。

問3　高張液に細胞を入れると，細胞内から水が出て，細胞膜で囲まれた部分の体積は小さくなる。低張液（濃度が低く，細胞よりも低い浸透圧をもつ溶液）に細胞を入れると，細胞内へ水が入り，細胞膜で囲まれた部分の体積は大きくなる。つまり，**細胞膜で囲まれた部分の体積が小さいほど濃度の高いスクロース溶液に浸された細胞**，**細胞膜で囲まれた部分の体積が大きいほど濃度の低いスクロース溶液に浸された細胞**であるといえる。

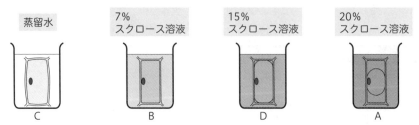

蒸留水	7% スクロース溶液	15% スクロース溶液	20% スクロース溶液
C	B	D	A

問4 浸透圧は濃度に比例する。細胞から水が出て，細胞内の濃度が高くなるほど浸透
圧も高くなる。よって細胞膜で囲まれた部分の**体積が最も小さいA**が，細胞の浸透圧
が最も高い。

<table>
<tr><td colspan="5">〔63〕 タンパク質の構造と性質</td></tr>
<tr><td>問1 ①</td><td>問2 ③</td><td>問3 ②</td><td>問4 ④</td><td></td></tr>
<tr><td>問5 ④</td><td colspan="2">問6 (1) ① (2) ④</td><td>問7 ④</td><td>問8 ④</td></tr>
</table>

解説 問1 動物組織では，水，タンパク
質，脂質の順に多く含まれる。

問2 **タンパク質を構成するアミノ酸は20
種類**。どのアミノ酸も共通の構造(アミ
ノ基，カルボキシ基)をもち，アミノ酸
ごとに構造が異なる部分は側鎖といい，
通常は省略して"R"と表す。

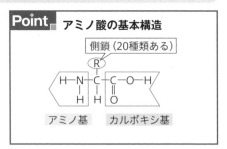

問3 2分子のアミノ酸のもつアミノ基と
カルボキシ基の間でペプチド結合が起こ
る。このとき，**水分子
が1分子取れる**(脱水縮合)。通
常のタンパク質は，100〜1000
個程度のアミノ酸からなる。

問4 ① **アミノ酸の数ではな
く，ポリペプチドを構成する
アミノ酸の配列順序を一次構
造**という。

② ポリペプチドがつくるらせ
ん構造やジグザグ構造を二次
構造という。

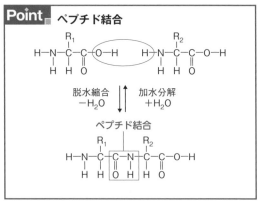

③ 1本のポリペプチドがつくる複数のらせん構造やジグザグ構造の組合せを三次構
造という。

問5　ポリペプチド鎖が折りたたまれて，タンパク質の立体構造が形成されることを
　　　フォールディングという。タンパク質の**立体構造**は，**高温**や**pH**の変化によって変化
　　　する。これを変性という。タンパク質がもっていた**機能**が，**タンパク質の変性**によっ
　　　て失われることを失活という。
問6　①　微小管は，チューブリンが多数重合してできた細胞骨格である。
　　　②　デンプン(アミロース)を分解する**酵素としてはたらくタンパク質**。
　　　③　DNAを合成する**酵素としてはたらくタンパク質**。
　　　④　真核生物において**DNA**と結合して染色体を構成する球状のタンパク質。ヒスト
　　　　　ンにDNAが結合した構造をヌクレオソームという。
問7　タンパク質はC，H，O，N，Sからなり，Pは含まれない。
問8　20種類のアミノ酸4個の組合せなので，

$$20 \times 20 \times 20 \times 20 = 160000（通り）$$

---

[64]　生命活動とタンパク質
　　問1　②　　問2　a-⑦　b-①　c-⑧　d-③

解説　問1　ア．二次構造であるらせん構造はαヘリックス，ジグザグ構造はβシート
　　　と呼ばれる。
　イ．シャペロンは，合成されたポリペプチド鎖が**正しい立体構造**になるよう折りたた
　　　むのを助けるだけでなく，**変性したタンパク質を正しい立体構造に折りたたみ直す**
　　　はたらきももつ。
問2　①　**集合管での水の再吸収を促進するホルモン**としてはたらくタンパク質。
　　　②　細胞膜に存在し，**細胞どうしの接着**にはたらくタンパク質。
　　　③　抗体として**生体防御**にはたらくタンパク質。
　　　④　皮膚や腱，軟骨などの細胞外に存在するタンパク質。コラーゲンなどからなる，
　　　　　細胞外に存在する構造は細胞外基質(細胞外マトリックス)と総称される。
　　　⑤　**過酸化水素を分解する酵素**としてはたらくタンパク質。
　　　⑥　**タンパク質を分解する酵素**としてはたらくタンパク質。
　　　⑦　アクチンフィラメントと相互作用して筋収縮などの**運動**にはたらくタンパク質。
　　　⑧　赤血球に含まれ，結合した**酸素の運搬**にはたらくタンパク質。

65 酵素
問1　アー触媒　イー活性化　ウー基質　エー活性部位
　　オー酵素-基質複合体　カー基質特異性
問2　(1)　最適pH　(2)　アミラーゼー②　ペプシンー①

解説 化学反応を起こすために必要なエネルギーを活性化エネルギーという。触媒は，活性化エネルギーを小さくすることにより化学反応を促進させる。酵素は**高温条件や酸性条件，アルカリ性条件で活性が低下**する。これは，無機触媒にはみられない性質である。

Point　**酵素活性と温度・pH**

　酵素は活性部位で基質と結合して酵素ー基質複合体となったあと，基質を生成物へと変える。酵素は活性部位の立体構造に合う，**特定の基質にのみはたらきかける基質特異性**がある。酵素は**タンパク質でできている**ため，高温やpHの変化により変性し，**はたらきを失う**（失活）。

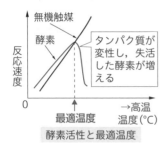

酵素活性と最適温度

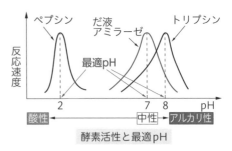

酵素活性と最適pH

問2　タンパク質は，**pHの変化により立体構造が変化**（変性）**する**。そのため，タンパク質が主成分である酵素は正しい立体構造を保つことができるpHでのみ触媒として機能することができる。酵素の活性（はたらき）が最も高いpHを最適pHという。最適pHは酵素によって異なる。

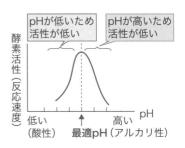

---

66 酵素反応の阻害と調節
問1　競争的阻害　問2　フィードバック　問3　アロステリック部位

解説 問1　**基質と立体構造が似る物質**が存在すると，その物質が酵素の活性部位に結合することがある。するとその間は基質は活性部位に結合できないため，酵素反応は

阻害を受けることになる。このような阻害を競争的阻害という。競争的阻害は、**基質の濃度が十分に大きくなると、酵素が阻害物質と結合する確率がとても小さくなるので、阻害効果がほとんど無視できるようになることも理解しておこう。**

Point 競争的阻害

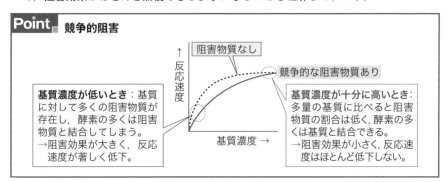

↑反応速度

阻害物質なし

競争的な阻害物質あり

基質濃度 →

基質濃度が低いとき：基質に対して多くの阻害物質が存在し、酵素の多くは阻害物質と結合してしまう。
→阻害効果が大きく、反応速度が著しく低下。

基質濃度が十分に高いとき：多量の基質に比べると阻害物質の割合は低く、酵素の多くは基質と結合できる。
→阻害効果が小さく、反応速度はほとんど低下しない。

問2　生体内では、ある一連の反応系の最終産物がその反応系の最初を触媒する酵素を抑制することで、反応系全体の速度が調節されていることがある。このように、**結果が原因に影響を与える調節**はフィードバックと呼ばれる。

問3　活性部位とは別に、**特定の物質の結合部位（アロステリック部位）をもち、その部位に物質が結合することで活性部位の構造が変化する酵素**をアロステリック酵素という。

67 呼吸と発酵

問1　ア－ピルビン酸　イ－二酸化炭素
問2　乳酸発酵
問3　アルコール発酵　　問4　D, E
問5　E　　名称：電子伝達系
問6　①
問7　右図

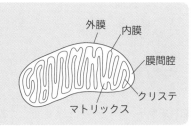

外膜　内膜

膜間腔

クリステ

マトリックス

解説 呼吸の過程（問1の　ア　と問4）では、**グルコースはまず細胞質基質でピルビン酸へと変えられる**。この反応を解糖系（A）という。ピルビン酸はミトコンドリアに入り、アセチルCoAとなったあとマトリックスで進行する**クエン酸回路（D）に取り込まれる**。解糖系とクエン酸回路では**脱水素反応**が起こり、**水素は内膜（クリステ）へと運ばれ、電子伝達系（E）でのATP合成に利用される。**

問1　イ　，問3　酵母は、グルコースから生じたピルビン酸から二酸化炭素とエタノールを生じる**アルコール発酵**を行う。

問2　乳酸菌は、グルコースから生じたピルビン酸から乳酸を生じる**乳酸発酵**を行う。なお、同じ反応が動物の筋肉中で起きるときには解糖と呼ぶ。

問5　1分子のグルコースを用いた場合に各過程で生じるATP量は、解糖系（A）とクエン酸回路（D）では**各2分子**、電子伝達系（E）では**最大で34分子**である。なお、ピル

ビン酸を乳酸に変える反応（Ｂ）やピルビン酸をエタノールと二酸化炭素に変える反応（Ｃ）ではATPは生じない。乳酸発酵とアルコール発酵で生じるATPは，**グルコースをピルビン酸に変えるＡの過程で生じるもの**である。

問6　電子伝達系の最後で，**電子(e^-)は水素イオン(H^+)とともに酸素(O_2)に受け取られ，水(H_2O)を生じる。**

68　いろいろな呼吸基質
問1　アーグリセリン　イーアンモニア
問2　①－β酸化　　②－脱アミノ反応
問3　クエン酸回路

解説　呼吸基質に利用される脂肪は，まずグリセリン（[　ア　]）と脂肪酸に分解される。グリセリンは解糖系に直接入る。脂肪酸はミトコンドリアでβ酸化（①）という反応により多量のアセチルCoAとなり，クエン酸回路（③）に合流する。

　呼吸基質に利用されるタンパク質はアミノ酸に分解され，アミノ酸はアミノ基が取り除かれる脱アミノ反応（②）により各種有機酸とアンモニア（[　イ　]）になる。有機酸はクエン酸回路などに合流して利用されるが，アンモニアは毒性が高いため，肝臓で毒性の低い尿素につくり変えられて尿中へ排出される。

69　呼吸商
問1　③
問2　フラスコＡ－①　　フラスコＢ－④
問3　1.0
問4　①

解説　問1，2　フラスコＡの中に入れてある**水酸化カリウム水溶液は，二酸化炭素を吸収するはたらきをもつ。**そのため，フラスコＡ内の気体は，呼吸により酸素が吸収されると減少するが，二酸化炭素が放出されても水酸化カリウム水溶液に二酸化炭素が吸収されるため，増加しない。

　仮に，フラスコＡ内の種子が呼吸により酸素を10吸収し，二酸化炭素を8放出したとする。

　放出した二酸化炭素はすべて水酸化カリウムに吸収されるため，体積増加には関わらず，フラスコＡの気体は吸収した酸素の分（10）減少することになる。よって，**フラスコＡの気体の減少量は，呼吸による酸素吸収量そのものを示している。**

　一方，フラスコＢに入れた水は気体の増減に影響を与えない。そのため，吸収した酸素の分（10）体積は減少し，放出した二酸化炭素の分（8）体積は増加するので，フラスコＢの気体は（10－8＝）2減少することになる。よって，**フラスコＢの気体の減少量は，呼吸による酸素吸収量と二酸化炭素放出量の差を示している。**

体積減少量が，

$$\begin{cases} フラスコ A：10mm^3 \\ フラスコ B：2mm^3 \end{cases}$$

ならば，

$$\begin{cases} O_2吸収量：10mm^3 \\ O_2吸収量とCO_2放出量の差：2mm^3 \end{cases}$$

なので，CO_2放出量は

$$10-2=8\,(mm^3)$$

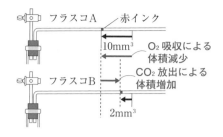

フラスコA　赤インク
10mm³　O₂吸収による体積減少
CO₂放出による体積増加
フラスコB
2mm³

問2　植物 X の酸素吸収量は，フラスコ A の気体の減少量に等しいので490mm^3。二酸化炭素放出量は，フラスコ A とフラスコ B の気体の減少量の差に等しいので，490－10＝480mm^3。よって呼吸商は，

$$\frac{二酸化炭素放出量}{酸素吸収量}=\frac{480}{490}\fallingdotseq 0.97 \longrightarrow 1.0$$

問3　呼吸商の値は，呼吸基質の種類によって決まった値となる。

Point 呼吸商

$$呼吸商=\frac{呼吸で放出したCO_2の体積}{呼吸で吸収したO_2の体積}$$

各呼吸基質の呼吸量　炭水化物：1.0，　　タンパク質：0.8，　　脂肪：0.7

植物 Y の酸素吸収量(フラスコ A の気体の減少量)は560mm^3。二酸化炭素放出量(フラスコ A とフラスコ B の気体の減少量の差)は，560－163＝397mm^3。よって呼吸商は，

$$\frac{二酸化炭素放出量}{酸素吸収量}=\frac{397}{560}\fallingdotseq 0.70 \longrightarrow 0.7$$

よって，植物 Y の呼吸基質は脂肪と考えられる。

70　光合成

問1　ア－葉緑体　イ－チラコイド　ウ－クロロフィル　エ－グラナ
　　　オ－ストロマ　カ－酸素　キ－ATP　ク－二酸化炭素　ケ－グルコース
問2　a－イ　b－イ　c－イ　d－オ

解説 問1　ウ．クロロフィルなどの**光合成色素はチラコイド膜に存在**する。

カ．光エネルギーを吸収して活性化した**クロロフィル**を含む**光化学系Ⅱが水を分解**する。

$$H_2O \longrightarrow 2H^+ +2e^- + O$$

　　H$^+$：NADP$^+$と結合し，NADPH となる。
　　e$^-$：電子伝達系へ渡され，ATP 合成に関わる。
　　O　：O$_2$となり放出される。

ク，ケ．カルビン回路では，NADPH と ATP のエネルギーを用いて CO₂を固定し，グルコースを合成する。

問2　葉緑体は，チラコイドで ATP と NADPH を合成し，それらを利用してストロマでグルコースを合成する。

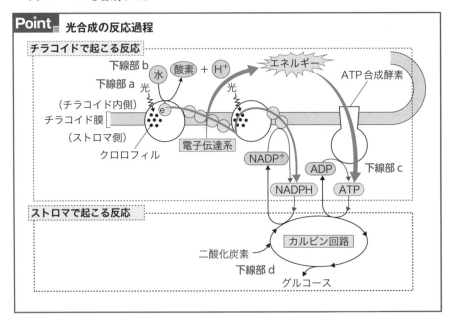

Point　光合成の反応過程

71　細菌の炭酸同化

①，②，④

解説　①　正しい。植物の光合成では，電子(e^-)源として水(H_2O)を用いるため酸素(O_2)が発生する。それに対して，紅色硫黄細菌や緑色硫黄細菌など，バクテリオクロロフィルを光合成色素とする光合成細菌が行う光合成では，硫化水素(H_2S)からe^-を得るため酸素は発生せず，硫黄(S)が生じる。

②　正しい。シアノバクテリアは植物と同じくクロロフィルをもち，光合成の電子源として水を用いるため，酸素を生じる。

③　誤り。硝酸菌は亜硝酸イオン(NO_2^-)を硝酸イオン(NO_3^-)へ酸化し，その際に生じる化学エネルギーを用いて，化学合成と呼ばれる炭酸同化を行う。

④　正しい。硫黄細菌は硫化水素を酸素によって酸化し，硫黄と水を生じる($2H_2S + O_2 \longrightarrow 2S + 2H_2O$)。その際に生じる化学エネルギーを用いて，化学合成と呼ばれる炭酸同化を行う。

遺伝情報の発現と発生

12 遺伝情報とその発現

72 核酸の構造

問1 ア−5′　イ−3′　ウ−3′　エ−5′　オ−3′

問2 高エネルギーリン酸

解説 ヌクレオチドに含まれる糖（デオキシリボース，リボース）は炭素を5個含み五炭糖と呼ばれる。1つのヌクレオチドの中では，五炭糖の1′炭素に塩基が，5′炭素にリン酸が結合している。

ヌクレオチド鎖では，1つのヌクレオチドのリン酸と，隣のヌクレオチドの五炭糖の3′炭素とが結合している。よって，ヌクレオチ

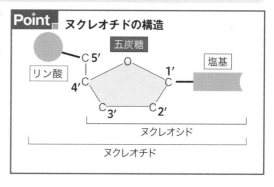

Point　ヌクレオチドの構造

ドはリン酸と五炭糖とが交互につながった主鎖から塩基が突き出した構造となっており，**リン酸側末端を5′末端，糖側末端を3′末端**と呼ぶ。

ヌクレオチド鎖が伸長する際の材料となるのはヌクレオシド三リン酸である。DNAポリメラーゼやRNAポリメラーゼは，**ヌクレオシド三リン酸のリン酸2個を外し，ヌクレオチド鎖の3′末端の糖に新しいヌクレオチドを結合させる。**よって，DNAやRNAなどの**ヌクレオチド鎖は3′方向にのみ伸長する。**

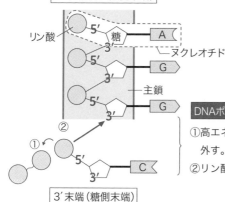

DNAポリメラーゼ，RNAポリメラーゼのはたらき

①高エネルギーリン酸結合を切断，リン酸2個を外す。

②リン酸と五炭糖の3′炭素を結合させる。

73 DNAの複製
問1 ⑤ **問2** ③, ⑥

[解説] **問1** ① DNAの複製は, **特定の部位からのみ開始**され, この部分は**複製開始点**と呼ばれる。なお, **原核生物のもつ環状DNA1分子中には, 複製開始点は1か所のみ存在し, 真核生物のもつ線状(直鎖状)DNA1分子中には, 複製開始点は複数か所存在する**ことも知っておこう。

②, ③ DNAを構成する2本のヌクレオチド鎖は, **互いに逆方向**である。また, ヌクレオチド鎖の伸長方向は「5′→3′」のみであるため, リーディング鎖では**連続的に合成が進む**が, ラギング鎖では短いヌクレオチド鎖が「5′→3′」方向に合成され, これらが連結されることにより**不連続的に合成が進む**。ラギング鎖が合成されるときにつくられる短いヌクレオチド鎖を**岡崎フラグメント**という。

④ DNAリガーゼは, ラギング鎖合成において**岡崎フラグメントを連結させる**。

⑤ **72** 核酸の構造を参照。**DNAポリメラーゼ**は, **ヌクレオチド鎖の3′末端に新しいヌクレオチドを連結させ, ヌクレオチド鎖を伸長させる酵素**である。DNA合成の際に2本鎖DNAの水素結合を切断し, **DNA鎖をほどくのはDNAヘリカーゼ**という酵素のはたらきである。

⑥ DNAポリメラーゼは, **ヌクレオチド鎖を伸長させる際に起点として短いヌクレオチド鎖を必要とする**。この短いヌクレオチド鎖を**プライマー**と呼ぶ。**生体内でのDNA複製の際にはRNAヌクレオチド鎖がプライマーとして用いられる**。

問2 図の2本鎖DNAはいずれも右から左へとほどけている(下図A)。新生鎖と鋳型鎖は互いに逆方向であり, 新生鎖は3′末端が伸びる方向へ合成される(図B)。よって, DNAがほどける方向と同じ方向に新生鎖が合成されるのは, ①〜④では上側, ⑤〜⑧では下側であり, DNAがほどける方向と逆方向に新生鎖が合成されるのは, ①〜④では下側, ⑤〜⑧では上側である。つまり①〜④では上側, ⑤〜⑧では下側でリーディング鎖が合成され, ①〜④では下側, ⑤〜⑧では上側でラギング鎖が合成される(図C)。

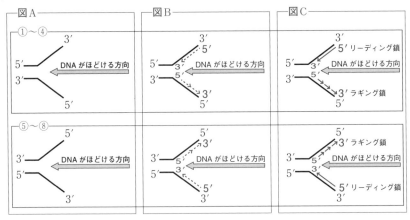

64

[74] 遺伝子の発現①

ア－RNA ポリメラーゼ　イ－相補的　ウ－DNA ポリメラーゼ
エ－アンチセンス鎖　オ－センス鎖　カ－イントロン　キ－エキソン
ク－mRNA 前駆体　ケ－mRNA　コ－スプライシング
サ－選択的スプライシング

解説 ア～ウ．転写が起こる際には，2 本鎖 DNA がいったんほどけ，鋳型となる鎖の塩基配列に相補的な RNA ヌクレオチドが水素結合する。RNA ポリメラーゼが RNA ヌクレオチドを 3′ 末端が伸長する方向に連結することにより RNA が合成される。

エ～オ．**遺伝情報をもち，転写されるのは DNA 2 本鎖のうち特定の 1 本のみ**である。転写される鎖をアンチセンス鎖（鋳型鎖），転写されない鎖をセンス鎖という。2 本鎖のどちらが転写されるかは，遺伝子ごとに異なる。

　例えば下図の場合，遺伝子 A は β 鎖，遺伝子 B は α 鎖がそれぞれアンチセンス鎖となっている。

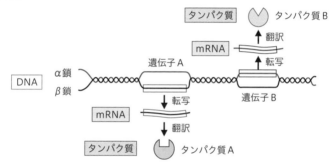

カ～コ．真核生物の DNA では，1 つの遺伝子内に**アミノ酸配列情報をもつ部分**（エキソン）と**アミノ酸配列情報をもたない部分**（イントロン）とが**交互に存在**している。エキソンとイントロンはともに**転写される**が，転写後に**イントロンを除去**し，**エキソンどうしをつなぎ合わせるスプライシングが核内で起こる**。転写直後のイントロンを含む RNA は mRNA 前駆体，スプライシング後のエキソンのみからなる RNA は成熟 mRNA と区別されることもある。

サ．スプライシングでは，**一部のエキソンがイントロンとともに除去**されることがあり，このようなスプライシングを選択的スプライシングという。選択的スプライシングには，1 つの遺伝子から複数種類のタンパク質をつくりだし，**機能をもつタンパク質の種類を増やすことができる**という意義がある。

第6章　遺伝情報の発現と発生

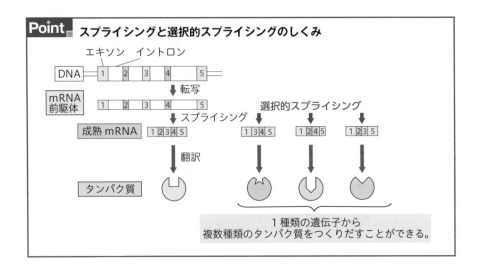

Point **スプライシングと選択的スプライシングのしくみ**

1種類の遺伝子から
複数種類のタンパク質をつくりだすことができる。

---

[75] 遺伝子の発現②

問1　A-④　B-⑤　C-②　　問2　AからB:②　　BからC:④
問3　D-④　E-⑥　　問4　ア　　問5　⑧　　問6　①　　問7　②

解説 問1～4　遺伝子内にイントロン領域がなく，スプライシングが起こらない原核
生物では，転写と翻訳が同時に起こる。その過程は次のようになっている。

過程1：二重らせんがほどけたDNA鎖(A)にRNAポリメラーゼ(E)が結合する。

過程2：RNAポリメラーゼが鋳型DNA上を3′→5′方向へ移動し，mRNA(B)を3′
　　　　末端が伸長する方向に合成する(転写)。

過程3：mRNAの5′末端(ア)にリボソーム(D)が付着する。

過程4：mRNAのコドンに相補的なアンチコドンをもつtRNAが結合すると，リボ
　　　　ソームの触媒作用でtRNAが運んできたアミノ酸どうしがペプチド結合でつ
　　　　ながり，ポリペプチド(C)が合成される(翻訳)。

過程5：リボソームはmRNA上を5′→3′方向へ移動し，ポリペプチドが伸長する。

問5　RNAポリメラーゼ(E)は，DNA上を移動しながらRNAを合成する。すなわち，
RNAポリメラーゼが移動するのに伴い，RNAは長くなっていく。図では，2個の
RNAポリメラーゼのうち，Y側のものよりもX側のもののほうがより長いRNAを
もつ。よって転写(RNA合成)はY側からX側へ向かって進むことがわかる。

問6　tRNAは，アンチコドンにより相補的なmRNAのコドンに結合する。

問7　問題文の図のように，転写と翻訳が同時に起こる生物は，大腸菌のような原核生
物のみである。

76 原核生物の遺伝子発現調節
ア－⑦　イ－⑧　ウ－③　エ－④

解説 原核生物の転写は，リプレッサーがオペレーターに結合しているかどうかによって制御を受ける。転写(RNA 合成)は，RNA ポリメラーゼが DNA 上のプロモーターと呼ばれる領域に結合すると開始するが，**リプレッサーがオペレーターに結合していると，RNA ポリメラーゼはプロモーターに結合できず，転写は起こらない。リプレッサーがオペレーターに結合していないと，**RNA ポリメラーゼにより転写が進行する。

　なお，原核生物の場合，オペロンごとに転写が制御されるため，**1本の mRNA にはオペロンを形成する複数の遺伝子の情報が含まれる**(真核生物の場合は 1 本の mRNA には 1 つの遺伝子のみが含まれる)。

77 真核生物の遺伝子発現調節
問1　ア－⑧　イ－⑥　ウ－⑤　エ－①　オ－②
問2　④　　問3　④　　問4　①

解説 問1　ア，イ，ウ．**45** の解説でも述べたように，真核生物の DNA は，球状のタンパク質であるヒストン(　ア　)に巻き付き，ヌクレオソーム(　イ　)という構造をとる。ヌクレオソームはさらに折りたたまれてクロマチン(　ウ　)繊維という構造を形成する。転写，すなわち RNA 合成が起こる際には RNA ポリメラーゼが DNA に結合する必要があるが，RNA ポリメラーゼは折りたたまれ凝縮した状態の DNA には結合できない。よって，転写が起こる際にはクロマチン繊維がゆるんだ状態になっている必要がある。

　エ，オ．RNA ポリメラーゼが DNA のプロモーター領域に結合すると転写が始まる。原核生物の RNA ポリメラーゼは単独でプロモーターに結合することができるが，真核生物の RNA ポリメラーゼは，プロモーターに**基本転写因子**(　エ　)というタンパク質複合体が結合していないとプロモーターに結合できない。基本転写因子と RNA ポリメラーゼが複合体をつくり，プロモーターに結合すると転写が開始される。DNA 上の転写調節領域と，そこに結合した**調節タンパク質**(　オ　)の相互作用により，転写は促進や抑制といった調節を受ける。

問2　①　誤り。真核生物の遺伝子 DNA 中には，アミノ酸配列を指定するエキソン領域と，アミノ酸配列を指定しないイントロン領域が交互に存在する。転写の際，エキソンとイントロンはともに RNA に写し取られる。その後，イントロンの除去とエキソンの連結(スプライシング)が起こり，翻訳可能な mRNA が完成する。

　　　②　誤り。プライマーとは，DNA 合成の際に新生 DNA 鎖合成の起点となる，短いヌクレオチド鎖である。RNA 合成はプライマーを必要としない。

③　誤り。DNA ポリメラーゼと RNA ポリメラーゼによるヌクレオチド鎖の合成は，いずれも 3′ 末端が伸長する方向にのみ行われる。

④　正しい。DNA ポリメラーゼと RNA ポリメラーゼは，いずれもヌクレオシド三リン酸を基質としてヌクレオチド鎖を合成する（　72　解説参照）。RNA ポリメラーゼは糖としてリボースを含み，塩基としてアデニン，グアニン，シトシン，ウラシルのいずれかを含むヌクレオシド三リン酸を基質とする。よって，糖としてリボースを，塩基としてアデニンを含むアデノシン三リン酸（ATP）も RNA ポリメラーゼの基質となる。

問3　タンパク質合成にはたらく RNA は，そのはたらきにより mRNA，tRNA，リボソーム RNA（rRNA）に分けられる。**これらのうち，タンパク質のアミノ酸配列の情報を保持し翻訳されるのは mRNA のみである。**tRNA は特定のアミノ酸と結合し，mRNA へ運ぶ。rRNA は複数種類のタンパク質と結合してリボソームの成分となる。

問4　真核生物がもつ，転写された mRNA を分解したり，mRNA からの翻訳を抑制したりすることで遺伝子の発現を調節するしくみを RNA 干渉（RNAi）という。RNA 干渉では，mRNA に相補的な短い RNA と，ある種のタンパク質の複合体がはたらく。

78　動物の精子形成
ア－⑤　イ－③　ウ－⑧　エ－①　オ－⑩　カ－⑦　キ－⑱
ク－④　ケ－⑨　コ－㉑　サ－㉒　シ－㉓

解説　精子形成では**均等な減数分裂**が行われ，1 個の一次精母細胞からは 4 個の精細胞が生じる。精細胞は**変形**し，**運動能力をもつ精子**となる。

Point　精子形成は精巣で行われる

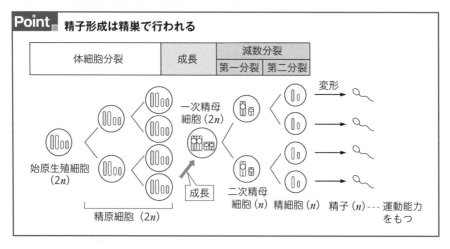

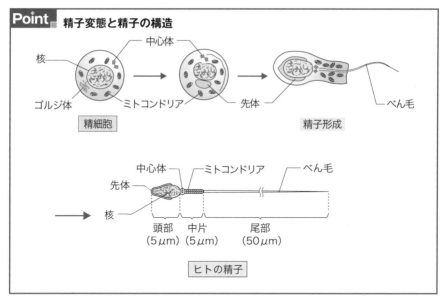

Point **精子変態と精子の構造**

核

ゴルジ体 ────── ミトコンドリア

中心体

先体

べん毛

精細胞

精子形成

中心体 ────── ミトコンドリア ────── べん毛

先体

核

頭部
(5μm)

中片
(5μm)

尾部
(50μm)

ヒトの精子

　ゴルジ体から生じる先体には，受精の際に卵の膜を溶かすさまざまな**加水分解酵素**が含まれる。

　尾部は，細胞膜で包まれた細胞質を含む長い突起であるべん毛からなる。べん毛を動かすための ATP は中片のミトコンドリアにより産生され，モータータンパク質であるダイニンが ATP を分解し

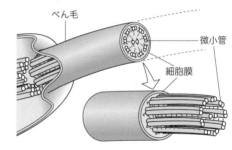

べん毛

微小管

細胞膜

て得たエネルギーでべん毛運動を引き起こす。べん毛の内部には，細胞骨格である微小管が規則的に配列して伸びている。**微小管は，中片の中心体から生じている。**この中心体は受精時に精子の核とともに卵内に入り，卵の核と精子の核を引き寄せて融合することにもはたらく。

79 動物の卵形成
問1　アー⑫　イー⑪　ウー①　エー⑨　オー④　カー⑤　キー⑧
　　ク－②
問2　イ－②　ウー②　エー①　オー①　カー①

解説 卵形成では**不均等な減数分裂**が行われ，1個の**一次卵母細胞**からは1個の卵と，2～3個の極体とが生じる。極体は受精することなく**退化・消失**する。**極体を放出した部分は動物極**，その**反対側は植物極**となる。

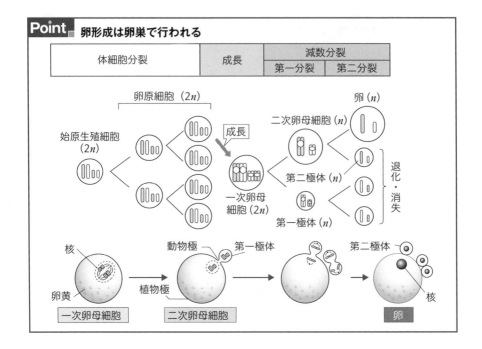

Point 卵形成は卵巣で行われる

体細胞分裂	成長	減数分裂	
		第一分裂	第二分裂

卵原細胞（2n）

始原生殖細胞（2n）

成長

一次卵母細胞（2n）

二次卵母細胞（n）

卵（n）

第二極体（n）

第一極体（n）

退化・消失

核

卵黄

動物極

第一極体

植物極

第二極体

核

一次卵母細胞

二次卵母細胞

卵

---

80 ウニの受精

問1　④　　問2　④
問3　③　　問4　①

解説 問1，2　未受精卵の**細胞膜**（b）の外側は卵黄膜（卵膜）（a）と接しており，その**外側はゼリー層**（e）で覆われている。精子がゼリー層に達すると，精子の先端が先体突起となって伸び，卵の細胞膜にまで達する。すると，卵の**細胞膜直下**にあった表層粒（X）が細胞膜と融合して細胞膜と卵黄膜の間（c）に**酵素などの内容物を放出**（エキソサイトーシス）する。この内容物により**卵黄膜が厚く硬い受精膜**（d）へと変化する。

問3　複数の精子が進入すると，**卵は正常発生できない**。よって，受精後に受精膜というバリアを形成するなど，**複数の精子の進入を防ぐしくみ**が存在する。

問4　①　シナプス小胞が**細胞膜と融合して神経伝達物質をエキソサイトーシス**する，表層粒の内容物放出と同じしくみ。

②　細胞外の異物を細胞膜に包み込むようにして取り込む，**エンドサイトーシス**による。

③　浸透圧差により細胞膜外へと水が移動することによる。水の移動は**アクアポリン**（水チャネル）を通ることによるもので，**エキソサイトーシスではない**。

④　ナトリウムポンプが細胞内で結合した Na^+ を排出する能動輸送によるもので，**エキソサイトーシスではない**。

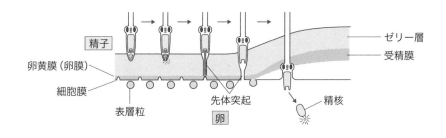

精子

ゼリー層
受精膜

卵黄膜（卵膜）
細胞膜

表層粒

先体突起
卵

精核

---

81 ウニの発生

問1　E→B→A→C→D
問2　A－胞胚　C－原腸胚　D－プルテウス幼生
問3　ア－④　イ－⑦　ウ－⑥　エ－⑤
問4　②，③

解説 問1　ウニでは，16細胞期に割球の大きさに差が生じる。また，ふ化は胞胚期に起こることや，三胚葉の分化が原腸胚期に起こることも確認しておこう。

Point ウニの発生

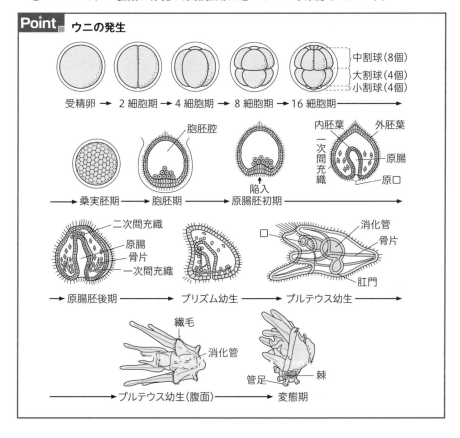

中割球（8個）
大割球（4個）
小割球（4個）

受精卵 → 2細胞期 → 4細胞期 → 8細胞期 → 16細胞期 →

胞胚腔

内胚葉　外胚葉
一次間充織
原腸
原口

桑実胚期 → 胞胚期 → 原腸胚初期 →

陥入

二次間充織
原腸
骨片
一次間充織

消化管
骨片
肛門

→ 原腸胚後期 → プリズム幼生 → プルテウス幼生 →

繊毛
消化管

管足　棘

→ プルテウス幼生（腹面） → 変態期

問3　イ．発生初期の体細胞分裂は卵割と呼ばれ，卵割によって生じた娘細胞は割球と
　　　呼ばれる。卵割は，次の3つの特徴をもつことも知っておこう。
　　　① 分裂速度が大きい。
　　　② 割球の成長をともなわないため，徐々に割球が小さくなる。
　　　③ すべての細胞の分裂のタイミングが揃った同調分裂を行う。
　　　エ．ウニでは，胞胚期に受精膜が破れてふ化する。
問4　① ウニでは神経管は生じないので誤り。
　　　② 原腸胚期には，胚の外側を覆う外胚葉，原腸の壁を構成する内胚葉，その間の胞
　　　胚腔に位置する中胚葉が分化する。
　　　③ 原腸胚期には植物極付近の細胞が胚の内側へ陥入し始め，原腸がつくられる。
　　　④ 原腸は将来消化管になる。ウニでは，原腸の入り口である原口は肛門になる。な
　　　お，消化管や肛門が完成するのはプルテウス幼生の時期。

> **82　カエルの発生**
> ア－灰色三日月環　イ－割球　ウ－等割　エ－不等割
> オ－桑実胚　カ－卵割腔　キ－胞胚　ク－少な　ケ－胞胚腔
> コ－原腸胚　サ－植物　シ－原口　ス－原腸　セ－中　ソ－外
> タ－内　チ－神経胚　ツ－神経管　テ－尾芽胚　ト－オタマジャクシ

解説　カエルでは，8細胞期に割球の大きさに差が生じる。また，原腸胚期の後に神経
胚期があること，ふ化は尾芽胚期に起こることも確認しておこう。

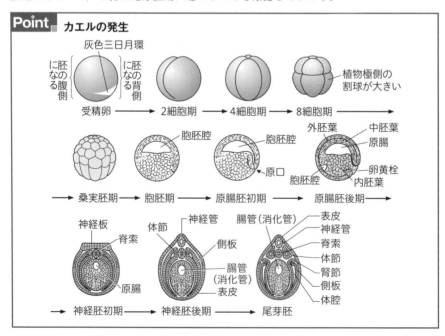

Point　カエルの発生

72

ア．精子進入点の反対側には，**灰色三日月環**という周囲と色の異なる三日月状の構造ができる。**灰色三日月環の側**は将来**背側**に，**精子進入点の側**は将来**腹側**になる。

イ〜エ．同じ**大きさの割球を生じる卵割は等割**，**異なる大きさの割球を生じる卵割は不等割**という。カエルでは第三卵割で不等割が起こり，8細胞期では動物極側よりも植物極側の割球の方が大きい。受精卵に含まれる**卵黄**は，**卵割を妨げる**ようにはたらく。カエルの卵では，**卵黄は植物極に偏って分布**するので**植物極側は卵割が起こりにくく**，大きい割球が生じる。

セ〜タ．カエルでもウニと同じく**原腸胚期に三胚葉が分化**する。外胚葉からは将来，**神経や表皮**などが分化する。中胚葉からは**筋肉や骨**などが分化する。内胚葉からは**消化管の上皮**などが分化する。

チ，ツ．神経胚期には，原口と動物極の間の外胚葉域が厚く平らになって神経板となり，神経板が落ち込んで神経溝となる。神経溝の両端が近づいて接することで神経管が形成される。

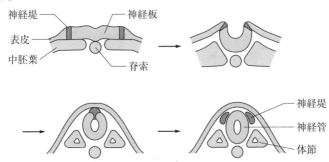

Point　各胚葉から分化する器官

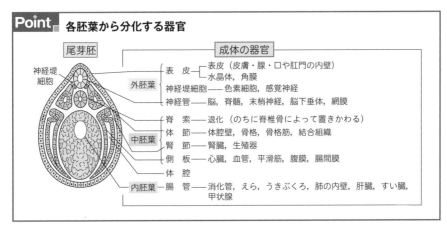

誘導
問1　アー原口背唇部　イー形成体(オーガナイザー)　ウー誘導
　　エー水晶体　オー角膜　カー誘導の連鎖
問2　中胚葉誘導

解説 誘導は，からだの構造ができていく多くの過程で起きている。

Point 眼の形成にみられる誘導

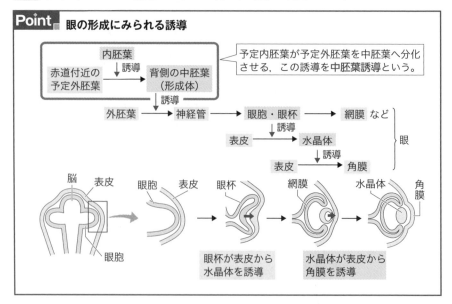

予定内胚葉が予定外胚葉を中胚葉へ分化させる，この誘導を中胚葉誘導という。

眼杯が表皮から水晶体を誘導

水晶体が表皮から角膜を誘導

---

84 ショウジョウバエの発生
問1　母性
問2　アー⑧　イー⑤　ウー⑨　エー⑩
問3　ショウジョウバエの初期発生では，まず核分裂だけが進行し，胚内が細胞膜で区画化されていないため。
問4　Hox 遺伝子群(ホックス遺伝子群)

解説 問1　母親の体細胞で合成されたのち未受精卵の細胞質に移動し，胚発生に影響を与える RNA やタンパク質を母性因子といい，その遺伝子を母性効果遺伝子という。
問2　ア，イ．ショウジョウバエの未受精卵内には2種類の母性因子が局在している。卵の前端にはビコイド mRNA が，後端にはナノス mRNA が局在しており，受精後に翻訳によりビコイドとナノスという2種類のタンパク質が合成される。ビコイドとナノスが胚内で拡散することにより生じた濃度勾配が，頭尾軸に沿った位置情報となる。

ウ．ショウジョウバエなどの節足動物の体は基本的に同じ構造の繰り返しからなっており，この構造を体節という。体節の形成には分節遺伝子という調節遺伝子がはたらく。ショウジョウバエの体節は，ギャップ遺伝子，ペアルール遺伝子，セグメントポラリティ遺伝子という3種類の**分節遺伝子**が，この順にはたらくことにより形成される。

エ．ショウジョウバエの体節では，どの位置にある体節かによってその形態や触角，顎，脚などの付属構造の種類が異なっている。これは，体節ごとに異なる組合せで発現するホメオティック遺伝子によって決定される。

問3　ショウジョウバエなど昆虫の卵は，中心に多量の卵黄を含む心黄卵である。**卵黄は卵割を妨げるようにはたらく**ため，ショウジョウバエの卵割では，初期は内部で細胞質分裂が起こらない。そのため，受精後に合成されたビコイドとナノスは，**細胞膜で仕切られていない胚の内部を拡散する**ことができる。

問4　ホメオティック遺伝子群と相同な遺伝子群はすべての動物に存在し，これらを総称して Hox 遺伝子群（ホックス遺伝子群）と呼ぶ。

85 遺伝子組換え

ア－⑥　イ－④　ウ－⑧　エ－③

解説 DNA リガーゼは，**相補的な塩基配列をもつ DNA 末端を連結させる**ことができる。よって，ある遺伝子の両端とプラスミドとを同じ制限酵素で切断すると，両者の切断面を DNA リガーゼで連結させることができる。このようにしてできた，ある遺伝子を組み込んだプラスミドを大腸菌に取り込ませることで，大腸菌に本来もっていない遺伝子を導入することができる。

Point **DNA への遺伝子の組み込みには，2 種類の酵素を用いる**

プラスミド：大腸菌などが染色体 DNA とは別にもつ，**小型で環状の DNA**。

制限酵素：DNA の特定の塩基配列を認識し，その部分で **DNA を切断する**，「はさみ」の役割をもつ酵素。

DNA リガーゼ：制限酵素で切断された DNA 末端などを連結させる，「のり」の役割をもつ酵素。

---

86 PCR 法と電気泳動

問1　(1)　③　　(2)　①　　(3)　②

問2　⑤

問3　④

問4　①，⑥

問5　①，③

解説 問1，2　PCR 法（ポリメラーゼ連鎖反応法）は，3 段階の温度設定を繰り返すことで，DNA を増幅させる方法である。

1 段階目…**95℃**：2本鎖 DNA を **1 本鎖に分離**する。

（ヌクレオチド鎖間の**水素結合は高温にすると切断される**ため。）

2 段階目…**60℃**：DNA に**プライマーを結合**させる。

（**73　DNA の複製**を参照。プライマーは DNA ポリメラーゼが新生鎖を伸長させる起点となる。細胞内での DNA 合成の際は RNA からなるプライマーが用いられるが，PCR 法では **DNA からなるプライマー**を用いる。）

3段階目…70℃：DNA ポリメラーゼにより 2 本鎖 DNA が合成される。

（DNA ポリメラーゼがプライマーを起点とし，**鋳型鎖に相補的なヌクレオチド鎖を合成する**。）

問3 PCR 法は高温条件で行うため，**90℃でも失活しない DNA ポリメラーゼ**を用いる必要がある。耐熱性の高い原核生物である好熱菌由来のものが用いられる。

問4 〔**77**〕の問 2 ②の解説でも述べたように，DNA ポリメラーゼは新生鎖合成の起点としてプライマーを必要とする。PCR 法では，増幅したい領域の両端の塩基配列を調べ，鋳型鎖に相補的な DNA プライマーを設計して用いる。水素結合する 2 本のヌクレオチド鎖は互いに逆方向で，かつヌクレオチド鎖は 3′ 末端が伸長する方向に合成されることから，**プライマーは 2 本の鋳型鎖の各 3′ 末端に相補的な 2 種類を設計する**。ただし，DNA の 2 本鎖は相補的なので，プライマーは鋳型鎖の 5′ 末端と同じ配列となる。

問5 DNA の長さや量を調べるためには，アガロースゲルの中で電気的に DNA を分離する，電気泳動という方法がよく用いられる。**DNA は負に帯電している**ため，緩衝液を満たした装置のプラス電極とマイナス電極の間にアガロースゲルを置き，アガロースゲルの端にある小さな溝に DNA の試料を入れて電圧をかけると，**DNA はプラス極側へ向かって移動する**。アガロースゲルは細かな網目の構造をもつため，DNA の移動速度はその長さによって異なる。**長い DNA ほど網目に引っ掛かりやすいため移動速度は小さく**，**短い DNA ほど網目にひっかかりにくいため移動速度が大きい**。これにより，DNA を長さごとに分離することができる。

① 正しい。あらかじめ長さがわかっている DNA も同時に電気泳動し，移動距離を比較することで，目的の DNA 断片の長さを推定することができる。

② 誤り。DNA 断片は負に帯電しているため，電極のプラス極に向かって移動する。

③ 正しい。

④ 誤り。長さが長い DNA 断片ほど，移動速度が小さい。

解説 幹細胞：**分裂する能力**（分裂能）と，いろいろな種類の細胞へ**分化する能力**（多分化能）を併せもつ細胞。

ⅰ組織幹細胞…成体の体内に存在する幹細胞。

・分化できる細胞の種類は**限定的**。

・**骨髄**中の造血幹細胞は，**いろいろな種類の血球**へ分化できる。

・**肝臓**中の肝幹細胞は，肝細胞や胆管上皮などへ分化できる。

ⅱ ES 細胞（胚性幹細胞）…**哺乳類の胚から取り出した細胞に由来する**幹細胞。

　　胚を破壊しないと取り出せないため，ヒト ES 細胞の作製は倫理面から多くの国で規制されている。

iPS 細胞（人工多能性幹細胞）：**体細胞にいくつかの遺伝子を導入する**ことで作成された，分裂能と多分化能をもつ細胞。

　　自身の細胞を用いて作成すれば，**倫理面の問題も回避でき**，かつ**拒絶反応も起こらないため**，再生医療への期待が高い。

15 動物の反応と行動

> **88 ニューロン**
> ア−②　イ−⑤　ウ−③　エ−⑦　オ−⑪　カ−⑨　キ−⑩　ク−⑧

解説 運動神経や脳などの神経系で，**情報を伝えるのにはたらく細胞**をニューロン（神経細胞）という。

Point ニューロンの構造

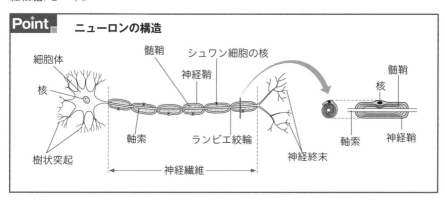

髄鞘：軸索にシュワン細胞が巻き付いた構造。

無髄神経繊維：髄鞘を**もたない**ニューロン。

有髄神経繊維：髄鞘を**もつ**ニューロン。

・**伝導速度の大きい，跳躍伝導が起こる。**

・髄鞘と髄鞘の間の，**軸索がむき出しになった部分**をランビエ絞輪という。

Point 跳躍伝導のしくみ

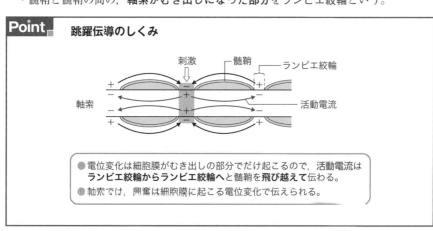

● 電位変化は細胞膜がむき出しの部分でだけ起こるので，活動電流は**ランビエ絞輪からランビエ絞輪へと髄鞘を飛び越えて**伝わる。

⑯ 軸索では，興奮は細胞膜に起こる電位変化で伝えられる。

[89] 静止電位と活動電位

ア−⑤ イ−④ ウ−⑨ エ−⑥ オ−② カ−⑦ キ−③ ク−①

解説 膜電位：細胞膜外を0mV としたときの細胞膜**内**の電位。

静止電位：ニューロンが**興奮していない**ときの，**−70mV** 程度の膜電位。

　ナトリウムポンプが Na^+ を細胞外へ，K^+ を細胞内へ能動輸送した結果，細胞膜を介した Na^+ と K^+ の濃度勾配が発生する。K^+ **が濃度勾配に従い K^+ チャネルを通って細胞外へ流出**した結果，**細胞外に対して細胞内が負になる静止電位**が発生する。

活動電位：ニューロンが興奮したときに生じる，**100mV** 程度の膜電位変化。

　電気刺激を受けたことにより Na^+ チャネルが開き，Na^+ **が濃度勾配に従って細胞内へ流入**した結果，活動電位が発生する。

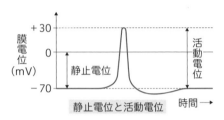

静止電位と活動電位

---

[90] 興奮の伝達

問1　ア−①　イ−②　ウ−⑥　エ−⑦

問2　④　　問3　(1)　⑦　　(2)　①

解説 シナプス前細胞から放出された神経伝達物質がシナプス後細胞に受容されると，シナプス後細胞の膜電位が変化する。

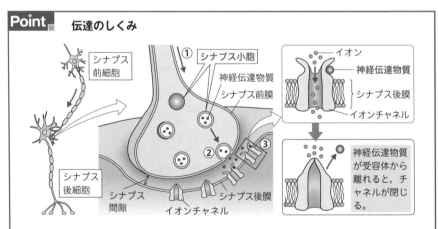

Point | **伝達のしくみ**

興奮性神経伝達物質：Na^+ を流入させ，シナプス後細胞の**興奮を引き起こす**神経伝達物質。例）ノルアドレナリン，アセチルコリン，グルタミン酸など。

抑制性神経伝達物質：Cl^- を流入させ，シナプス後細胞の**興奮を抑制する**神経伝達物質。例）γ−アミノ酪酸(GABA)，グリシンなど。

問2　興奮が軸索末端に近づくと，膜電位変化により開く Ca^{2+} チャネル（電位依存性 Ca^{2+} チャネル）が開き，Ca^{2+} が細胞内に流入する。シナプス小胞が細胞膜と融合するのは，Ca^{2+} のはたらきによる。

問3　体内では，さまざまな神経伝達物質がはたらいているが，**乳酸は神経伝達物質としてははたらかない**。

Point **神経伝達物質**

ノルアドレナリン：交感神経の末端から放出される神経伝達物質。
アセチルコリン：副交感神経の末端・**運動神経**の末端から放出される神経伝達物質。

---

91 眼

問1 キ
問2 (1) ① → ④ → ⑤ → ⑦
　　　 (2) ② → ③ → ⑥ → ⑧

解説 水晶体は，カメラのレンズと同じく**光を屈曲させる**はたらきをもつ。屈曲した光はカメラではフィルムに，眼では**網膜に像を結ぶ**ように集められる。

問1　光は，網膜に存在する視細胞（桿体細胞と錐体細胞）によって受容される。視細胞は網膜全域に存在するが，**視神経繊維が網膜を内から外へ貫いている部位**にだけは存在しない。よって，この部位に当たった光は受容されない。この部位が盲斑である。

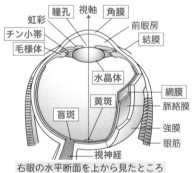

右眼の水平断面を上から見たところ

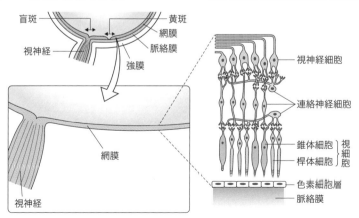

第7章　生物の環境応答

問2 遠近調節は，**水晶体の厚さを変えることによって行われる**。近くを見るときには水晶体を厚く，遠くを見るときには水晶体を薄くする。**水晶体の厚さ**は，毛様体の中にある毛様筋が**収縮・弛緩することにより変化**する。「目が疲れたときに遠いところを見ると目が休まる」のは，遠いところを見るときは自然と毛様筋が弛緩（力を抜く）ため。

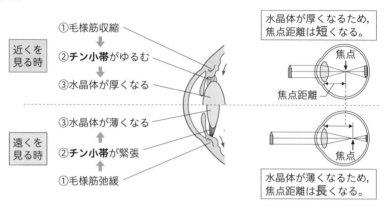

近くを見る時
①毛様筋収縮
↓
②**チン小帯**がゆるむ
↓
③水晶体が厚くなる

水晶体が厚くなるため，焦点距離は**短**くなる。
焦点　焦点距離

遠くを見る時
③水晶体が薄くなる
↑
②**チン小帯**が緊張
↑
①毛様筋弛緩

水晶体が薄くなるため，焦点距離は**長**くなる。
焦点

92　耳

ア－⑩　イ－③　ウ－⑪　エ－⑦　オ－⑤　カ－⑬　キ－④　ク－②　ケ－⑫
コ－⑨　サ－⑧　シ－①　ス－⑥

解説 耳の各部の名称と，聴覚が発生するまでの過程を確認しよう。

Point　耳の構造

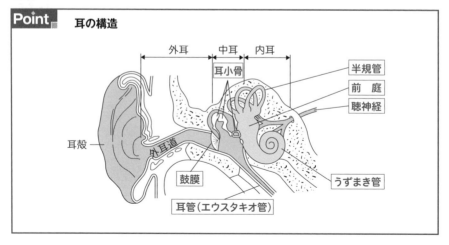

外耳　中耳　内耳
耳小骨
半規管
前庭
聴神経
耳殻
外耳道
うずまき管
鼓膜
耳管（エウスタキオ管）

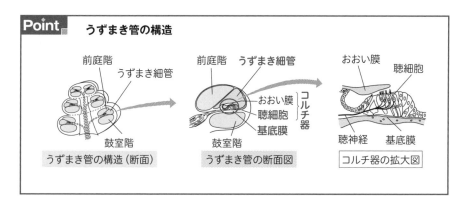

Point うずまき管の構造

うずまき管の構造（断面）　うずまき管の断面図　コルチ器の拡大図

ア〜ウ, カ〜サ. 聴覚が発生するまでの流れ

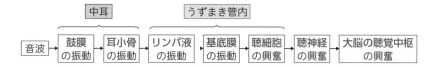

コルチ器：**基底膜上に存在**する, **聴細胞とおおい膜からなる構造。**

　基底膜が振動すると, 聴細胞の上部の感覚毛がおおい膜に触れ, 聴細胞が興奮する。

エ, オ. 耳管の役目

　中耳は, **耳管（エウスタキオ管）**によって**咽頭（のどの奥）**につながる。耳管は通常は閉じているが, つばを飲み込んだりあくびをしたりすると一瞬開く。高層ビルの高速エレベーターに乗った時など鼓膜を介して気圧差が生じたときは, 無意識のうちに耳管を開き, **中耳の気圧調節**を行っている。

シ, ス. 平衡感覚器としての耳

前庭：**傾き（重力方向）の感知**にはたらく。

半規管：**回転の方向やスピードの感知**にはたらく。

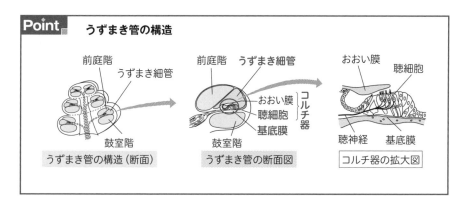

93 大脳のはたらき
a－② b－① c－⑤

解説 大脳は皮質と髄質からなり，さまざまな機能は**皮質**が担う。皮質はさらに新皮質，原皮質，古皮質に分けられ，ヒトでは**新皮質**の発達が著しい。

新皮質は位置ごとに異なる機能を担っており，そのはたらきによって運動野，感覚野，連合野の**3種類**に分けられる。

Point 大脳の構造とはたらき

大脳 ─ 皮質 ┬ 新皮質 ┬ 運動野…各種の**随意運動の命令を出す**領域。
 │ │ ├ 感覚野…視覚や聴覚などの**感覚情報を処理する**領域。
 │ │ └ 連合野…思考・記憶・認知・判断など**高度な情報を処理する**領域。
 │ ├ 原皮質 ┐
 │ └ 古皮質 ┘ あわせて辺縁皮質という。**情動・欲求・本能に関係**する。
 └ 髄質

94 筋肉の構造
問1 ④
問2 エ－② オ－⑤ カ－① キ－③ ク－④ ケ－⑥

解説 問2 骨格筋を構成する筋繊維（筋細胞）の細胞内には多くの筋原繊維が存在する。
筋原繊維：アクチンタンパク質が集まった**アクチンフィラメント**とミオシンタンパク質が集まった**ミオシンフィラメント**からなる繊維状構造。
・**明るく見える明帯**と，**暗く見える暗帯**が交互に並ぶ。
・**明帯の中央**にある**Z膜**と**隣**の**Z膜**の間を**サルコメア**（筋節）という。

95 筋収縮のしくみ
ア－③ イ－② ウ－② エ－① オ－④ カ－③ キ－①

解説 ア．骨格筋の筋繊維は，**多数の細胞が融合してできた**ものであり，数百の核をもつ**多核細胞**となっている。
ウ．筋原繊維内では，細い**アクチンフィラメント**と太い**ミオシンフィラメント**が規則的に配置している。
オ．筋収縮は，アクチンフィラメントとミオシンフィラメントが結合することから始まるが，両者の結合は，**トロポニン**と**トロポミオシン**という2種類のタンパク質により阻害されている。筋小胞体から放出された Ca^{2+} が**トロポニン**に結合すると，トロポミオシンの構造が変化し，ミオシンがアクチンフィラメントに**結合できる**ようになる。

カ, キ. ミオシンは ATP アーゼ（ATP 分解酵素）のはたらきももち, ATP を分解して生じたエネルギーを用いてアクチンフィラメントをたぐり寄せる。その結果, サルコメアが短縮し, 筋収縮が起こる。筋収縮時には**サルコメアと明帯は短くなる**が, **暗帯の長さは変化しない**。

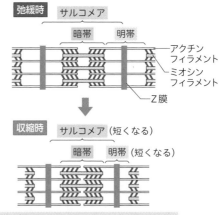

暗帯の幅はミオシンフィラメントそのものの長さなので, 収縮しても長さは変化しない。

---

96 神経筋標本

問1 40m/秒 **問2** 3.2ミリ秒 **問3** 4.7ミリ秒後

解説 問1 神経を刺激してから筋収縮が起こるまでの時間は,

（①**神経を興奮が伝導する時間**）+（②**興奮が筋肉まで伝達される時間**）

+（③**筋肉内部で収縮が起こるまでの時間**）

の**合計**である。

B点を刺激：（**3.5ミリ秒**）=（①**12mm 伝導**する時間）+（②**伝達**）+（③**筋収縮**）

C点を刺激：（**4.0ミリ秒**）=（①**32mm 伝導**する時間）+（②**伝達**）+（③**筋収縮**）

（②伝達に要する時間）と（③筋収縮に要する時間）は, 刺激した部位によらず同じなので, この 2 つの時間差〔4.0−3.5=**0.5（ミリ秒）**〕は, **伝導される距離の差**

32−12=**20（mm）**によるものである。

よって, 伝導速度は,

$$\frac{〔距離〕20（\mathrm{mm}）}{〔時間〕0.5（ミリ秒）}=\frac{20\times10^{-3}（\mathrm{m}）}{0.5\times10^{-3}（秒）}$$
$$=40（\mathrm{m}/秒）$$

問2 A点は**神経の末端**なので, A点を刺激すると, ②**伝達**と③**筋収縮のみが起こる**。

B点を刺激したとき①12mm 伝導するのに要する時間は, 問1で求めた伝導速度より,

$$\frac{〔距離〕12（\mathrm{mm}）}{〔速度〕40（\mathrm{m}/秒）}=\frac{12\times10^{-3}（\mathrm{m}）}{40（\mathrm{m}/秒）}$$
$$=0.3\times10^{-3}（秒）=0.3（ミリ秒）$$

よって, ②**伝達**と③**筋収縮**に要する時間の和は,

$$3.5-{}^{①}0.3={}^{②+③}3.2（ミリ秒）$$

問3 D点を刺激してから筋収縮が起きるまでの時間は,

(^{①}60mm 伝導する時間) + (^{②}伝達 + ^{③}筋収縮) で求められる。

問1で求めた伝導速度より, ^{①}60mm 伝導するのに要する時間は,

$$\frac{〔距離〕60(mm)}{〔速度〕40(m/秒)} = \frac{60 \times 10^{-3}(m)}{40(m/秒)}$$

$$= 1.5 \times 10^{-3}(秒) = 1.5(ミリ秒)$$

問2より, ^{②}伝達と ^{③}筋収縮に要する時間の和は3.2(ミリ秒)なので,

D点を刺激してから筋収縮が起こるまでの時間は, ^{①}1.5 + $^{②+③}$3.2 = 4.7(ミリ秒)

---

97 動物の行動

ア−① イ−⑧ ウ−④ エ−③ オ−⑥ カ−⑨ キ−⑦ ク−②

解説 ア．**生まれつき備わっている行動を生得的行動**という。生得的行動を引き起こすきっかけになる刺激を**かぎ刺激**という。

イ．生得的行動は遺伝子に「どのように行動するか」が記されているため, 行動は決まった順序で起こる。このような, **常に決まった形で起こる行動様式を固定的動作パターン**という。

ウ, エ．ミツバチはダンスによってなかまに餌場の情報を伝える。ダンスは円形ダンスと8の字ダンスの2種類があり, **餌場が巣の近くにある場合は円形ダンス**を, **餌場が巣から遠い場合は8の字ダンス**を踊る。

オ．**生まれてからの経験によって獲得される行動の変化を学習**という。

カ．ある刺激によって引き起こされる反応が, 全く関係のない刺激によって引き起こされるようになることを**古典的条件づけ**という。反応を起こす本来の刺激を**無条件刺激**, 全く関係のない刺激を**条件刺激**という。問題文の場合, **肉片が口に入るという無条件刺激**によって唾液分泌という反応が起こるが, 全く関係のない**ベルの音という条件刺激**によって唾液分泌が起こるようになっている。

キ．**行動とその結果（報酬や罰）とを結びつけた学習をオペラント条件づけ**という。

ク．過去の経験をもとに, 未経験の状況に対しても「このような結果になるだろう」と**予測して行う行動を知能行動**という。大脳皮質の発達したサルやヒトでみられる。

16 | 植物の環境応答

98 光受容体
問1 (1) ① (2) ② (3) ①
問2 ①

解説 フィトクロムは，赤色光を受容する色素タンパク質で，すべての植物に存在する。P_R 型と P_FR 型という2つの異なる構造があり，**赤色光と遠赤色光を受けると可逆的に構造変化する**。P_R 型は赤色光を受けると P_FR 型へ変化し，光発芽種子の発芽促進や，短日植物の花芽形成の抑制など，いろいろな生理反応にはたらく。

Point フィトクロムの構造変化

・P_R 型は赤色光を受けると，P_FR 型へ変化する。
・P_FR 型は遠赤色光を受けたり，長時間の暗条件下に置かれたりすると，P_R 型へと戻る。

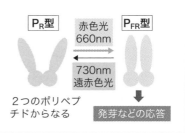

P_R型　赤色光 660nm　P_FR型
730nm 遠赤色光

2つのポリペプチドからなる

発芽などの応答

Point 光受容体とそのはたらき

光受容体	受容する光	主なはたらき
フォトトロピン	青色光	気孔開口，光屈性
クリプトクロム	青色光	茎の伸長成長の抑制
フィトクロム	赤色光，遠赤色光	光発芽種子の発芽調節

99 種子の発芽と光
ア－① イ－⑤ ウ－⑤

解説 多くの種子は，**発芽三条件**と呼ばれる「**酸素・適温・水**」が揃うと発芽する。しかし，発芽三条件に加えて**光照射を必要とする種子**があり，光発芽種子と呼ばれる。光発芽種子の発芽に対する光の効果は光の色（波長）によって異なり，**赤色光が最もよく発芽を促進する**。

それに対して，発芽に光照射を必要としない種子は暗発芽種子と呼ばれる。暗発芽種子には，**光によって発芽が抑制されるもの**（カボチャ，ケイトウなど）と，**光が発芽に影響しないもの**（イネ，エンドウなど）がある。

Point 発芽と光

光発芽種子：光照射により発芽が促進される種子。

赤色光照射が有効。

→光が当たる，光合成ができる条件でのみ発芽することで，**発芽後に光合成が行えずに枯死する危険性が低い**というメリットがある。

例）**レタス**，タバコ，シロイヌナズナなど。

暗発芽種子：発芽に光照射を必要としない種子。

大型で多くの栄養を蓄えているものが多い。

→発芽後，光がなくてもしばらくは種子内の栄養を使って成長できる。

→地中で発芽し，十分に根を伸ばしてから地表に芽を出すことができるため，**乾燥に強い**というメリットがある。

例）カボチャ，ケイトウ，イネ，エンドウなど。

---

[100] ホルモンによる発芽調節

ア－③　イ－①　ウ－⑥　エ－⑤

解説 種子の発芽はアブシシン酸により抑制され，ジベレリンにより促進される。

Point ジベレリンによる発芽促進作用

① **胚がジベレリンを合成**し分泌する。

② ジベレリンは，糊粉層の細胞での**アミラーゼ遺伝子の発現を促進**する。

③ アミラーゼにより，**胚乳のデンプンが糖へと分解**される。

④ 糖は胚に取り込まれ，**呼吸基質として利用されると同時に胚内の浸透圧を上げ，吸水を起こすことで発芽を促す**。

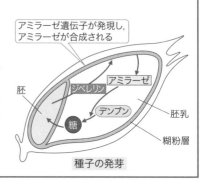

種子の発芽

---

[101] 屈性と傾性

ア－②　イ－①　ウ－②　エ－③　オ－①　カ－①　キ－④　ク－②
ケ－②　コ－①

解説 ア～ウ．植物が刺激に応答して示す屈曲運動のうち，屈曲方向が刺激が与えられた方向に依存するものを屈性という。刺激方向に近づくように屈曲する場合は正の屈性，刺激方向から離れるように屈曲する場合は負の屈性という。

カ．植物が刺激に応答して示す屈曲運動のうち，屈曲方向が刺激が与えられた方向に依存せず常に一定方向であるものを傾性という。

Point 屈性と傾性

屈性：屈曲方向と刺激方向に関連性がある。

性質	刺激	例
光屈性	光	茎（正），根（負）
重力屈性	重力	茎（負），根（正）
接触屈性	接触	巻きひげ（正）

傾性：刺激方向にかかわらず，常に一定方向へ屈曲する。

性質	刺激	例
接触傾性	接触	オジギソウの葉（触ると垂れ下がる）
温度傾性	温度	チューリップの開花
光傾性	光	タンポポの開花

ケ．傾性の多くは，植物の**部分的な成長速度の差**によって生じるもので，成長運動と呼ばれる。開花運動は花弁の成長運動による。

コ．傾性のなかには，**細胞の膨圧の変化**によって生じるものもあり，膨圧運動と呼ばれる。

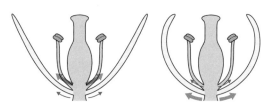

内側の成長速度の方が大きい → 花が開く

外側の成長速度の方が大きい → 花が閉じる

オジギソウの接触傾性は，葉の付け根にある葉枕細胞の膨圧が低下することによる膨圧運動である。

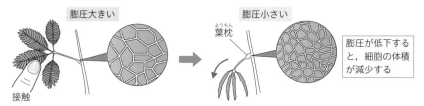

膨圧大きい

膨圧小さい

葉枕

接触

膨圧が低下すると，細胞の体積が減少する

---

[102] 光屈性
問1　a-①　b-③　c-①　d-③　　問2　②　　問3　②

解説 幼葉鞘が示す光屈性には，オーキシンという植物ホルモンが関係している。

Point オーキシンの特徴
① **先端で合成**される。
② **先端部→基部方向にのみ移動**する（極性移動）。
③ **伸長成長を促進**する。
④ 横から光を当てると，**影側へ輸送される**。

16 │ 植物の環境応答　　89

問1　a．左から光を当てているため，先端で合成されたオーキシンは**影側である右側へ移動**し，そののち基部側へ極性移動する。そのため，伸長域のオーキシン濃度は**左側で低く，右側で高い**。オーキシンは**伸長成長を促進**するので，**伸長速度は左側は小さく，右側は大きい**。結果，幼葉鞘は左へ屈曲しながら成長する。

　　b．雲母片がオーキシンの移動を妨げる向きに差し込まれているため，横から光を当ててもオーキシンの**影側への移動は起こらず**，基部方向への**極性移動だけが起こる**。そのため，伸長域のオーキシン濃度は**左右で差はない**。その結果，全体的に伸長促進され，幼葉鞘はまっすぐ上方に向かって成長する。

　　c．オーキシンの極性移動は影側である右側で起こるので，**左側に差し込まれた雲母片はオーキシンの移動に影響しない**。よって，雲母片が差し込まれていないaと同様に左へ屈曲しながら成長する。

　　d．オーキシンの基部方向への極性移動は影側である右側で起こるので，右側に差し込まれた雲母片により極性移動が妨げられる。その結果，伸長域のオーキシン濃度は左右で差はなく同等に低い。よって，幼葉鞘は屈曲せずまっすぐ上方に向かって成長する。なお，伸長域のオーキシン濃度が低いため，bより成長は小さい。

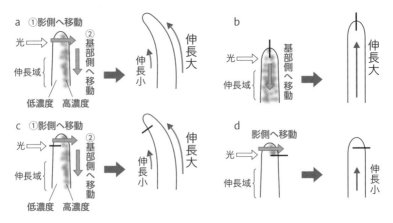

問3　先端で合成されたオーキシンは，**植物体の先端部にある芽（頂芽）の成長を促進**し，頂芽よりも下にある芽**（側芽）の成長を抑制**する。この現象を頂芽優勢という。

①　種子の休眠を促進する植物ホルモンはアブシシン酸。

③　果実成熟を促進する植物ホルモンはエチレン。

④　落葉を促進する植物ホルモンはエチレン。

103

成長の調節と植物ホルモン
問1　ア−②　イ−⑥　ウ−③　エ−⑤
問2　⑥ → ④ → ① → ⑦

解説 問1　ア．植物が合成するオーキシンはインドール酢酸という物質である。人工的に合成されたナフタレン酢酸もインドール酢酸と同じ作用を示す。

イ．細胞壁の主成分はセルロースという多糖類である。セルロースは強度が非常に高く，伸びにくい性質をもつ。

ウ，エ．ジベレリンは，横方向のセルロース繊維を増やす。セルロース繊維は伸びにくいので，オーキシンによって細胞の吸水が促されると，細胞はセルロース繊維どうしの間が広がる方向に成長する。そのため，細胞は縦に成長(伸長成長)する。それに対し，エチレンは縦方向のセルロース繊維を増やす。そのため，細胞は横に成長(肥大成長)する。

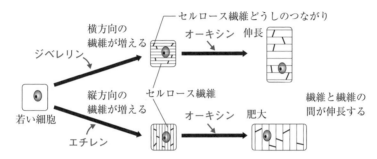

問2　オーキシンは，成長している植物体の先端部分の細胞で合成される(⑥)。その後，茎の中を根元へ向かう方向へ極性移動し，根元に近い側(基部側)の細胞に作用する(④)。オーキシンが作用すると，細胞壁のセルロース繊維どうしを結び付けている構造が活性化した酵素により分解されるため(①)，細胞壁の強度が低下しゆるんだ状態となる。細胞壁がゆるんだ細胞が吸水すると，セルロース繊維どうしの間隔が広くなる方向に細胞が伸長する(⑦)。

104

重力屈性
問1　ア−④　イ−②
問2　②

解説 問1　アミロプラストは，葉緑体と構造は似るが，色素をもたない細胞小器官の一種である。根の先端にある根冠の細胞はアミロプラストをもち，植物体が横たえられるなどして重力方向が変化すると，細胞内でアミロプラストが重力方向へ沈降する。**アミロプラストの沈降により重力方向の変化が感知され，植物体内でのオーキシンの輸送方向が変化する。**

第7章
生物の環境応答

問2　オーキシンは植物の伸長成長を促進するが，**高濃度のオーキシンは逆に伸長成長を抑制する**。よってオーキシン濃度とオーキシンが成長に与える影響の関係は下図のようになる（③〜⑥は誤り）。また，成長が最も促進されるオーキシン濃度（最適濃度）は植物の部位ごとに異なり，**根の最適濃度は茎の最適濃度よりも低い**。よって②が正しい。

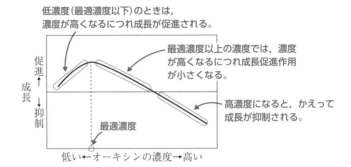

低濃度（最適濃度以下）のときは，濃度が高くなるにつれ成長が促進される。

最適濃度以上の濃度では，濃度が高くなるにつれ成長促進作用が小さくなる。

高濃度になると，かえって成長が抑制される。

最適濃度

低い←オーキシンの濃度→高い

---

〔105〕花芽形成
問1　ア−長日植物　イ−短日植物　ウ−中性植物
問2　ア−①，③，④　イ−②，⑤，⑧
問3　限界暗期

解説 植物は，温度や日長条件が整うと，生殖器官である花を形成する。花の原基を**花芽**と呼ぶ。

> **Point** 　**花芽形成と日長**
> **長日植物**：日長が一定の長さ以上になると花芽形成する植物。
> 　例）**コムギ，ダイコン，ホウレンソウ**
> **短日植物**：日長が一定の長さ以下になると花芽形成する植物。
> 　例）アサガオ，**ダイズ，キク**，オナモミ，**コスモス**
> **中性植物**：日長とは関係なく，一定の大きさになると花芽形成する植物。
> 　例）**トマト，キュウリ**，トウモロコシ

問3　長日植物や短日植物において，実際に花芽形成に重要なのは日長（明期の長さ）ではなく，**連続した暗期の長さ**である。長日植物や短日植物が**花芽形成するかしないかを分ける暗期の長さを限界暗期**という。長日植物では限界暗期よりも短い連続暗期条件で花芽形成が起こる。短日植物では限界暗期よりも長い連続暗期条件で花芽形成が起こる。

106 ABC モデル

問1 ア−がく片　イ−花弁　ウ−おしべ　エ−めしべ

問2 遺伝子 *A* の欠損変異体：領域1−めしべ　領域2−おしべ
　　領域3−おしべ　領域4−めしべ

　遺伝子 *B* の欠損変異体：領域1−がく片　領域2−がく片　領域3−めしべ
　　領域4−めしべ

　遺伝子 *C* の欠損変異体：領域1−がく片　領域2−花弁　領域3−花弁
　　領域4−がく片

解説 **問1**　花の構造は，一般に，被子植物では**外側から内側へ向かって**「(外)**がく片→花弁→おしべ→めしべ**(内)」となっている。

問2　正常な個体において各領域ではたらく遺伝子と生じる構造は右の図のようになる。

　「遺伝子 *C* (*A*)の機能が欠失すると遺伝子 *A* (*C*)が領域3および領域4(領域1および領域2)でもはたらくようになる」とある。よって，遺伝子 *A* の欠損変異体は**遺伝子 *C* が全域ではたらく**ようになるため，表1のような構造となる。

　遺伝子 *B* が欠損しても，**遺伝子 *A* と遺伝子 *C* の発現領域は変わらない**ため，表2のような構造になる。

　遺伝子 *C* が欠損すると，**遺伝子 *A* が全域ではたらく**ようになるため，表3のような構造になる。

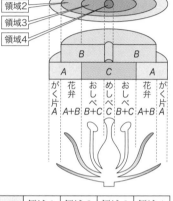

表1	領域1	領域2	領域3	領域4
発現する遺伝子			*B*	
		C		
	C	*B+C*	*B+C*	*C*
生じる構造	めしべ	おしべ	おしべ	めしべ

表2	領域1	領域2	領域3	領域4
発現する遺伝子	*A*		*C*	
	A	*A*	*C*	*C*
生じる構造	がく片	がく片	めしべ	めしべ

表3	領域1	領域2	領域3	領域4
発現する遺伝子			*B*	
		A		
	A	*A+B*	*A+B*	*A*
生じる構造	がく片	花弁	花弁	がく片

第7章 生物の環境応答

ア−⑨　イ−⑬　ウ−⑪　エ−②　オ−③　カ−⑧　キ−⑮
ク−⑭　ケ−⑤　コ−①

解説 2つの孔辺細胞が向かい合った間の隙間を気孔という。気孔は状況に応じて開閉することで，植物体内外のガス交換にはたらく。孔辺細胞に青色の光が当たると気孔は開く。これは，孔辺細胞に存在するフォトトロピンが青色光を受容することによる。植物は光合成に用いる二酸化炭素を気孔から取り込む。一方，植物体が乾燥状態におかれるとアブシシン酸が孔辺細胞に作用して気孔が閉じる。このような気孔の開閉は次のようなしくみによる。

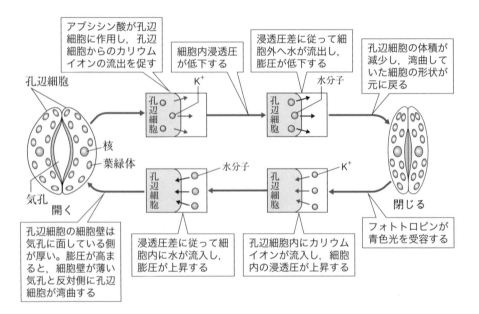

問1 ⑤ 問2 ② 問3 ③
問4 ① 問5 ④

解説 問1 成熟花粉は，花粉管細胞(n)と内部の雄原細胞(n)とからなる。花粉管が伸長し始めると，雄原細胞は**花粉管の中で体細胞分裂**し，**2個の精細胞**(n)を生じる。

Point 被子植物の配偶子形成

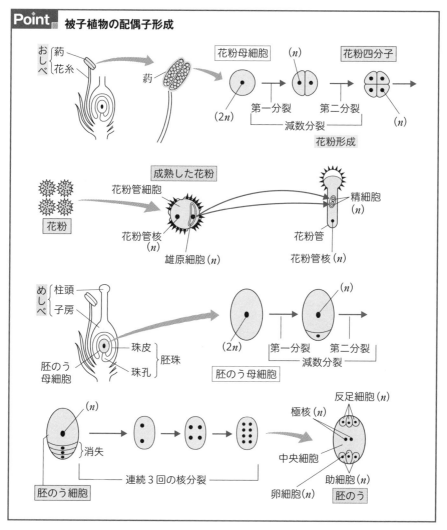

問2 ① 胚のう母細胞(2n)は体細胞分裂ではなく減数分裂を行う。減数分裂により生じた4個の娘細胞のうち3個は退化・消失し，1個だけが胚のう細胞(n)となる。

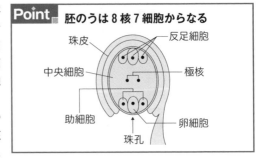

Point 胚のうは8核7細胞からなる

珠皮
反足細胞
中央細胞
極核
助細胞
卵細胞
珠孔

② 胚のう細胞は3回の核分裂のあとで細胞質分裂を行い，8核7細胞からなる胚のうを生じる。

③ 胚のうの核のうち，卵細胞の核となるのは2つではなく1つ。

④ 胚のうの核のうち，助細胞の核となるのは3つではなく2つ。

⑤ 胚のうの核のうち，反足細胞の核となるのは3つだが，**反足細胞と中央細胞は異なる細胞**。1個の中央細胞は**2個の核**をもち，この核は極核と呼ばれる。

問3 胚乳細胞は，**精細胞(n)**と，**2個の極核をもつ中央細胞(n+n)**が融合して生じるため，核相は$3n$。

問4 受精卵は，細胞分裂を繰り返して**胚と胚柄**を形成する。胚は幼植物体へと成長する。**胚柄**は初期には胚へ栄養を送るはたらきをもつが，種子の発達にともない退化・消失する。種皮は珠皮が変化したもので，受精卵ではなく**母親(卵細胞提供親)の体細胞**からなる。

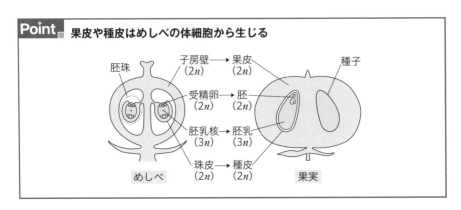

Point 果皮や種皮はめしべの体細胞から生じる

胚珠
子房壁(2n) → 果皮(2n)
受精卵(2n) → 胚(2n)
胚乳核(3n) → 胚乳(3n)
珠皮(2n) → 種皮(2n)
めしべ
種子
果実

問5 受精卵を生じる受精と胚乳細胞を生じる受精の2つの受精が同時に起こる**重複受精**は，**被子植物でのみみられる現象**である。イチョウは裸子植物であり，重複受精は行わない。

生態と環境

17 生物群集と生態系

109 個体群
　問1　ア−⑧　イ−⑤　ウ−②　エ−①　　**問2**　③　　**問3**　②, ④

解説 **問1**　ア. **個体群**：ある範囲内に生息する同種の個体の集まり。
　生物群集：ある範囲内に生息するいろいろな個体群の集まり。
　イ, ウ. **時間経過にともなう個体数の増加(個体群の成長)をグラフにしたものを成長
曲線という。**個体数ははじめは急激に増加するが, 徐々に増加速度は低下していき,
ある一定の個体数に達するとそれ以上増加しなくなる。つまり, **ある環境で存在で
きる個体数には上限があり, この個体数のことを環境収容力という。**
　エ. **密度効果**：個体群の密度が変化したことが原因で生じる, さまざまな影響。
　　例) 個体群密度の増加にともなう出生数の低下
　　　　個体群密度の増加にともなう死亡率の増加
問2　**個体群密度が増加すると, 食料や生活空間が不足するとともに排出物が蓄積する
などの環境悪化が起こる。**そのため死亡率の増加, 出生率の低下が起き**個体数が増え
にくくなる**ため, 個体数は一定の値に落ち着く。
問3　バッタの**相変異**や植物の**最終収量一定の法則**は, 密度効果の例である。

Point ┃　**バッタの相変異**
　　バッタは, 幼虫時の個体群密度が高いと, 通常の成虫個体(孤独相)とは形態や生理
が異なる成虫個体(群生相)になる。このような, **個体群密度の違いによって生じる形
態的・生理的変化を相変異という。**

孤独相 (低密度時)　　　　　　　　　　　　　**群生相** (高密度時)

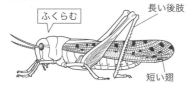

集合性なし　小さい卵を多く産む　　　　　集合性あり　少数の大きい卵を産む

---

①　低密度時に生じる孤独相は単独生活をするが, 長い後肢をもつので誤り。
②　高密度時に生じる群生相の特徴であり, 正しい。
③　同じ資源(餌や空間)を利用する異なる2種を同一空間で飼育すると, 資源をめぐ
　る争いが起こる。その結果, **争いに負けた種は絶滅する**こともあり, これを競争的
　排除という。ゾウリムシとヒメゾウリムシに関する③の記述はこの例であり, 個体
　群密度の変化にともなうものではないので誤り。

④ 同じ面積の土地で個体群密度を変えてダイズを育てると，低密度条件では少数の個体が大きなダイズをつけ，高密度条件では多数の個体が小さなダイズをつける。その結果，土地面積あたりのダイズの収穫量はほぼ一定となる。これは，**個体群密度が低いと土地の養分や光などを十分に利用できる**のに対し，**個体群密度が高いとそれらが不足する**ためであり，個体群密度の変化にともなった個体の形態変化の例として適切であり，正しい。

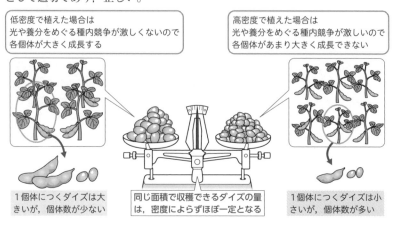

低密度で植えた場合は
光や養分をめぐる種内競争が激しくないので
各個体が大きく成長する

高密度で植えた場合は
光や養分をめぐる種内競争が激しいので
各個体があまり大きく成長できない

1個体につくダイズは大きいが，個体数が少ない

同じ面積で収穫できるダイズの量は，密度によらずほぼ一定となる

1個体につくダイズは小さいが，個体数が多い

---

110 個体群の変動と生命表

問1　ア－600　イ－60　ウ－160　エ－240　オ－180　カ－75　キ－100
問2　生存曲線
問3　(1)　A　　(2)　C　　(3)　B　　(4)　A　　(5)　C　　(6)　C
問4　(1)　C　　(2)　A　　(3)　A　　(4)　B　　(5)　C　　(6)　B

解説 問1　出生時の個体数が，**時間経過にともなって減少していくようす**をまとめた表を生命表という。

Point 　**生存数と死亡数**

はじめの生存数 － 期間内の死亡数 ＝ 次の年齢のはじめの生存数

$\dfrac{\text{期間内の死亡数}}{\text{はじめの生存数}} \times 100(\%) = $ 期間内の死亡率(\%)

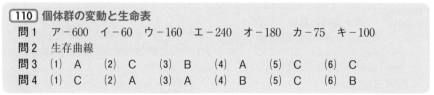

$\boxed{\text{ア}}$: $1000 - \boxed{\text{ア}} = 400$　　　　$\therefore$ $\boxed{\text{ア}} = 1000 - 400 = 600$

$\boxed{\text{イ}}$: $\dfrac{600}{1000} \times 100(\%) = \boxed{\text{イ}}$　　　$\therefore$ $\boxed{\text{イ}} = 60(\%)$

$\boxed{\text{ウ}}$: $\dfrac{\boxed{\text{ウ}}}{400} \times 100(\%) = 40.0(\%)$　　$\therefore$ $\boxed{\text{ウ}} = 400 \times 40(\%) = 160$

$\boxed{\text{エ}}$: $400 - 160 = \boxed{\text{エ}}$　　　　$\therefore$ $\boxed{\text{エ}} = 240$

$\boxed{\text{オ}}$: $240 - \boxed{\text{オ}} = 60$　　　　$\therefore$ $\boxed{\text{オ}} = 240 - 60 = 180$

$$\boxed{\text{カ}} : \frac{180}{240} \times 100(\%) = \boxed{\text{カ}} \qquad \therefore \boxed{\text{カ}} = 75(\%)$$

$$\boxed{\text{キ}} : \frac{60}{60} \times 100(\%) = \boxed{\text{キ}} \qquad \therefore \boxed{\text{キ}} = 100(\%)$$

問2 生命表の生存数をまとめたグラフを生存曲線という。**生存曲線の縦軸（個体数）は，対数目盛りであることが多い。**

問3，4 生存曲線は3つの型に区分される。

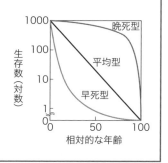

Point **生存曲線**

晩死型（ヒト型）：少産少死，**親の保護が厚い**
　例）大型哺乳類
平均型（ヒドラ型）：**生涯通じて死亡率一定**
　例）ヒドラ，小鳥
早死型（カキ型）：多産多死，**親の保護はほとんどない**
　例）魚貝類

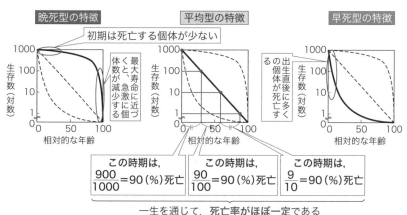

晩死型の特徴 / 平均型の特徴 / 早死型の特徴

初期は死亡する個体が少ない

最大寿命に近づくと，個体数が急減少する個体

出生直後に多く，個体が死亡する

この時期は，
$\dfrac{900}{1000} = 90(\%)$死亡

この時期は，
$\dfrac{90}{100} = 90(\%)$死亡

この時期は，
$\dfrac{9}{10} = 90(\%)$死亡

一生を通じて，死亡率がほぼ一定である

　晩死型と早死型は対照的である。晩死型は，初期の死亡率が低く，最大寿命に近づくと死亡率が急増する。出生数が少ないため親の保護が厚く，出生直後の死亡率が低い大型哺乳類などでみられる。早死型は，初期の死亡率が高く，最大寿命まで生存できる個体は極めて少ない。一度に大量に産卵するため親が卵を保護せず，出生直後にはとんどの個体が死亡する魚貝類などでみられる。

　平均型は，一定期間内の死亡率（**死亡数ではないことに注意！**）が，一生のどの時期でもほぼ一定であるという特徴をもつ。ヒドラのほか，小鳥など，捕食者に狙われる動物などでみられる。

第8章　生態と環境

問1 ア－区画法　イ－標識再捕法　　**問2**　320匹

解説 **問1**　植物や，移動能力の低い動物などの個体数を調べる際には，区画法が用いられる。調査区域を等面積の区画に分け，そのうちのいくつかの区画で個体数を調べる。区画あたりの平均個体数を求め，平均個体数と全区画数の積から全個体数を推定する。

			6個体
		5個体	
4個体			3個体
	8個体		

例）調査区域を20区画に分け，そのうち5区画で個体数を調査した結果が左の図のようであった場合，区画あたりの平均個体数は，

$$\frac{4(個体)+8(個体)+5(個体)+6(個体)+3(個体)}{5(区画)}$$

$$=\frac{26(個体)}{5(区画)}=5.2(個体/区画)$$

よって調査区域の全体個数は，

5.2(個体/区画) × 20(区画) = 104(個体)

と推定される。

問2　移動能力が高い動物などの個体数を調べる際には，標識再捕法が用いられる。捕獲した個体に標識をしてから戻し，十分に拡散したのちに再び捕獲し，**1度目に捕獲・標識した個体数**と，**再捕獲した個体のうちの標識されている個体の割合**から，全個体数を推定する。全個体数をxとすると，

全個体数　：　1度目の捕獲・標識個体数　＝　再捕獲個体数　：　再捕獲標識個体数
　　x　　：　　　　　20　　　　　＝　　　80　　　：　　　5

より，$x = \dfrac{20 \times 80}{5} = 320$(個体) となる。

(1)　⑤　　(2)　⑦　　(3)　⑥　　(4)　⑧　　(5)　③

解説 (1)　資源(餌や空間)などをめぐる争いは，一般に競争と呼ばれる。競争は，**同種他個体との種内競争**と，**異種他個体との種間競争**とに分けられる。**個体群は同種の生物の集まり**なので，個体群内の競争は種内競争である。

(2)　動物が行動する範囲を行動圏といい，行動圏の中で他個体を排除し，占有する空間を縄張り(テリトリー)という。縄張りは，魚類・鳥類・哺乳類・昆虫類などで多くの例が知られている。個体が縄張りをつくる動機には餌の獲得，交配相手や繁殖場所の確保，子孫の保育などの安全確保があげられる。川にすむアユは餌となるコケを確保するために縄張りをもつ。

(3)　**個体群内での優位と劣位の関係を順位**といい，順位によって群れの秩序が保たれている状態を順位制が成立していると表現する。順位制が成立すると，劣位の個体が優位の個体と争うことがなくなり，**個体群内の無益な争いが少なくなる**。

(4) 群れによる集団行動は，共同で餌を探したり，外敵から身を守りながら子育てをしたりするのに役立つ。

(5) **高度に組織化された集団で生活する昆虫**を社会性昆虫といい，その集団はコロニーと呼ばれる。社会性昆虫であるミツバチやアリは採餌・営巣・育児・防衛などを分業化して高度に組織化されたコロニーで生活する。社会性昆虫では**情報伝達（コミュニケーション）手段が発達**しており，フェロモンや視覚・触覚などをたくみに使って，複雑な集団行動を行っている。

---

113 個体群間の相互作用
　　a－種間競争　　b－寄生　　c－相利共生　　d－片利共生

解説 a．種間競争：餌や生活空間など，要求する資源が似ている**異種個体群間で起こる，資源をめぐる争い**。どちらの種からみても，一方の存在は他方にとって不利益にはたらく。
　例）ゾウリムシ（－）とヒメゾウリムシ（－）…1つの容器で混合培養すると，食物をめぐる種間競争が起こる。この場合，からだが小さいため少ない餌で生息できるヒメゾウリムシが種間競争に勝ち，ゾウリムシは絶滅する（競争的排除）。

b．寄生：生物（宿主）の**体表もしくは体内で**他の生物（寄生者）が生息し，それにより**宿主が不利益を受け，寄生者が利益を得る**関係。
　例）**サナダムシ（＋）とヒト（－）**…サナダムシはヒトの消化管内に寄生し，ヒトが摂食した食物に由来する栄養を吸収して生活する。

c．相利共生：異種の生物が，**互いに利益を受けながら生活する関係**。
　例）**マメ科植物（＋）と根粒菌（＋）**…マメ科植物は根粒菌が窒素固定により合成した NH_4^+ を受けとる。根粒菌はマメ科植物が光合成で合成した有機物を受けとる。

d．片利共生：異種の生物のうち一方が利益を受け，他方は利益も不利益も受けない関係。
　例）**サメ（0）とコバンザメ（＋）**…コバンザメは，背中にもつ吸盤で大型のサメの腹部に吸いつき，サメが食べこぼした餌を食べる。また，コバンザメは移動するサメに吸着することで移動に要するエネルギーを節約できる。

---

114 生産力ピラミッド
　　問1　B－④　G－①　P－⑥　R－③　F－⑧
　　問2　(1) 380　　(2) 50　　(3) 6

解説 問1　ある一定期間内に**各栄養段階が利用したエネルギー収支**を，栄養段階が下位のものから順に積み上げたものを生産力ピラミッドという。

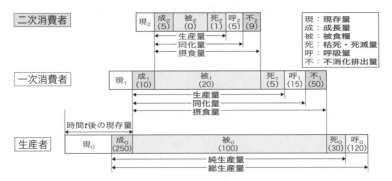

二次消費者		現₂	成₂ (5)	被₂ (0)	死₂ (1)	呼₂ (5)	不₂ (9)

現：現存量
成：成長量
被：被食量
死：枯死・死滅量
呼：呼吸量
不：不消化排出量

問2 (1) 生産者の**総生産量**は光合成量に相当し，**純生産量**は見かけの光合成量に相当する。すなわち**純生産量**は総生産量から呼吸量を引いた量。よって，

(生産者の純生産量) = (総生産量：250 + 100 + 30 + 120) − (呼吸量：120) = 380

(2) 消費者の**同化量**は，**摂食量から不消化排出量を引いた量**。そして，一次消費者の摂食量は生産者の被食量に等しい。よって，

(一次消費者の同化量) = (摂食量：100) − (不消化排出量：50) = 50

〔別解〕 消費者の同化量は，**成長量と被食量，死滅量，呼吸量の和**である。よって，

(一次消費者の同化量) = (成長量：10) + (被食量：20) + (死滅量：5) + (呼吸量：15) = 50

(3) 消費者の**生産量**は，**同化量から呼吸量を引いた量**，すなわち**成長量と被食量，死滅量の和**である。よって，

(二次消費者の生産量) = (成長量：5) + (被食量：0) + (死滅量：1) = 6

---

115 炭素循環とエネルギーの流れ

問1 a－生産者 b－消費者 c－遺体・排出物 d－分解者 e－化石燃料
問2 B，C，H
問3 ア－化学 イ－熱 ウ－循環

解説 問1 **生産者**(a)は**光合成**(A)により二酸化炭素を取り込み，炭素を含む有機物を合成する。**消費者**(b)が生産者を摂食すると，有機物は消費者へと渡る。生産者，消費者の有機物は**枯死**(D)，**死亡・排泄**(E)により**遺体・排出物**(c)となり，一部は**分解者**(d)により取り込まれ，一部は**化石燃料**(e)となる。

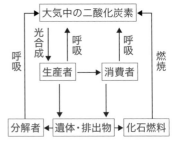

問2 すべての生物は**呼吸**（**B，C，H**）を行い，大気中へ二酸化炭素を放出する。

問3 生態系に入った光エネルギーは，生産者の光合成により有機物の化学エネルギーに変えられる。すべての生物は有機物を呼吸に用い，これにより生じた熱エネルギー

は生態系外へと失われる。そのため，エネルギーは有機物の移動にともなって生態系の中を一方向に流れるだけで，**物質と異なり，生態系内を循環することはない。**

Point **物質循環とエネルギーの流れ**
・物質は，生態系内を循環する。
・エネルギーは循環することはなく，生態系内を一方向に流れるのみである。

116 **窒素代謝**
問1　アーマメ　イー根粒菌
問2　a－窒素固定　b－窒素同化
問3　A－亜硝酸菌　B－硝酸菌
問4　C－アミノ酸　　酵素名D－アミノ基転移酵素(トランスアミナーゼ)
問5　タンパク質，核酸(DNA，RNA)，ATP，クロロフィルなどから1つ。

解説 問1　マメ科植物と根粒菌のように，**互いに利益を与えあっている関係を相利共生**という。

問3　NH_4^+ を NO_3^- にまでに変える硝化は，**NH_4^+ を NO_2^- に変える亜硝酸菌による反応**と，**NO_2^- を NO_3^- に変える硝酸菌による反応**からなる。

Point **硝化の詳細**

NH_4^+
↓…亜硝酸菌による。　　$NH_4^+ + 2O_2 \longrightarrow NO_2^- + 2H_2O$
NO_2^- 　　　　　　　　アンモニウムイオン　　　　　亜硝酸イオン
↓…硝酸菌による。　　　$2NO_2^- + O_2 \longrightarrow 2NO_3^-$
NO_3^- 　　　　　　　　亜硝酸イオン　　　　　　硝酸イオン

問4　アミノ基転移酵素(トランスアミナーゼ)は，グルタミン酸のアミノ基($-NH_2$)を有機酸へ渡し，アミノ酸に変える酵素である。

Point **緑色植物の窒素同化**

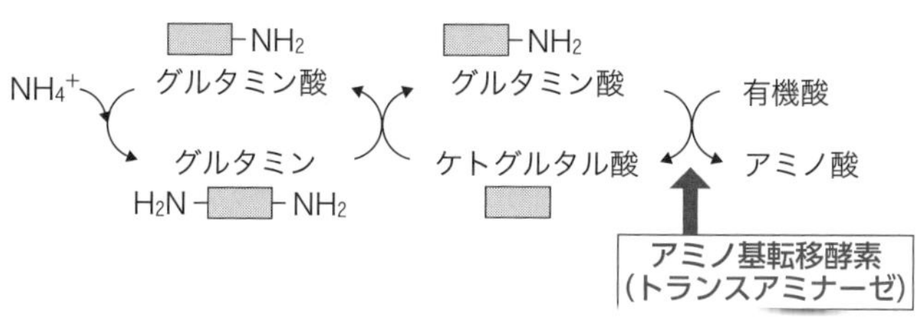

解説 汚水には有機物が含まれている。**分解者は有機物を酸素を用いて分解するため，汚水が流入すると酸素濃度は大きく低下する**。汚水中のタンパク質は，硝化菌などのはたらきによって

タンパク質 → NH_4^+（アンモニウムイオン）
→ NO_2^-（亜硝酸イオン）→ NO_3^-（硝酸イオン）
の順に変化する。

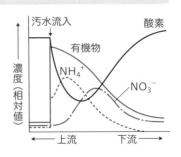

Point **貧栄養湖と富栄養湖**

　貧栄養湖：窒素やリンなどの無機物の濃度が低い湖
　　→流入する無機物がある程度増えても，水生植物などが吸収・利用するため，無機物の濃度は変化しない。
　富栄養化：窒素やリンなどの無機物が蓄積して濃度が高くなる現象
　　→無機物が，水生植物が吸収しきれなくなるほど流入したことによる。
　　→無機物を利用するプランクトンの異常発生(アオコ，赤潮)が起きる。

118 生物多様性
　ア－生態系　イ－種　ウ－遺伝的　エ－降水量

解説 地球上の生物は，さまざまな環境に適応した結果，現在では数千万種もの生物がいると推定されている。これらの生物は直接的・間接的に支えあっており，このような複雑で多様な生物のつながりを生物多様性という。

Point **生物多様性**

　生物多様性は３つの視点から，生態系多様性，種多様性，遺伝的多様性に分けられる。
　生態系多様性：地球上に森林，草原，荒原など，**さまざまな生態系が存在すること**。
　　生態系多様性が高い地域では，環境に応じていろいろな生物が生息するため，種多様性も高くなる。
　種多様性：生態系の中に，**多くの種類の生物が存在すること**。
　遺伝的多様性：１つの生物種の集団に，**多様な遺伝子構成が存在すること**。
　　遺伝的多様性が高いと，環境が悪化したときに生き残る個体がいる可能性が高いので，環境変化への適応力が高いといえる。